Leandro Bertoldo
Elasticidade – Vol. III – Contração Elástica

ELASTICIDADE
Volume IV

"Contração Elástica"

Leandro Bertoldo

Leandro Bertoldo
Elasticidade – Vol. III – Contração Elástica

Leandro Bertoldo
Elasticidade – Vol. III – Contração Elástica

Dedicatória

Dedico este livro à minha amada mãe
Anita Leandro Bezerra

Leandro Bertoldo
Elasticidade – Vol. III – Contração Elástica

"Há poder no conhecimento de ciências de toda a espécie, e é designo de Deus que a ciência avançada seja ensinada em nossas escolas como preparação para a obra que há de preceder as cenas finais da história terrestre".
(Fundamentos da Educação Cristã, 186).

Ellen Gould White
Escritora, conferencista, conselheira,
e educadora norte-americana.
(1827-1915)

Leandro Bertoldo
Elasticidade – Vol. III – Contração Elástica

Leandro Bertoldo
Elasticidade – Vol. III – Contração Elástica

Sumário

Dados biográficos
Prefácio

Capítulo I: Contração Lateral

Capítulo II: Primeira Lei da Contração

Capítulo III: Segunda Lei da Contração

Capítulo IV: Deformação Superficial

Capítulo V: Deformação Volumétrica

Capítulo VI: Expansão Lateral

Capítulo VII: Cinemática da Deformação

Capítulo VIII: Força Lateral

Capítulo IX: Dinamoscopia da Esfera

Dados biográficos

Leandro Bertoldo é o primeiro filho do casal José Bertoldo Sobrinho e Anita Leandro Bezerra. Tem um irmão chamado Francisco Leandro Bertoldo. Os dois seguiram a carreira no judiciário paulista, incentivados pelo pai, que via algo de desejável na estabilidade do serviço público.

Leandro fez as faculdades de Física e de Direito na Universidade de Mogi das Cruzes – UMC. Seu interesse sempre crescente pela área das exatas vem desde os seus 17 anos, quando começou a escrever algumas teses sérias a respeito do assunto. Em 1995, publicou o seu primeiro livro de Física, que foi um grande sucesso entre os professores universitários. O seu comprometimento com o Direito é resultado de suas atividades junto ao Tribunal de Justiça do Estado de São Paulo.

Leandro casou-se duas vezes e teve uma linda filha do primeiro matrimônio chamada Beatriz Maciel Bertoldo. Sua segunda esposa Daisy Menezes Bertoldo tem sido sua grande companheira e amiga inseparável de todas as horas. Muitas de suas alegrias são proporcionadas pelos seus amados cachorros: Fofa, Pitucha, Calma e Mimo.

Durante sua carreira como cientista contabilizou centenas de artigos e dezenas de livros, todos defendendo teses originais em Física e Matemática, destacando-se: "Teoria Matemática e Mecânica do Dinamismo" (2002); "Teses da Física Clássica e Moderna" (2003); "Cálculo Seguimental" (2005); "Artigos Matemáticos" (2006) e "Geometria Leandroniana" (2007), os quais estão sendo discutidos por vários grupos de pesquisas avançadas nas grandes universidades do país.

Leandro Bertoldo
Elasticidade – Vol. III – Contração Elástica

Prefácio

Elasticidade é a primeira obra exaustiva e de natureza sistemática produzida *ab ovo* pelo autor no período de 1978 a 1980. Trata-se de um livro de fôlego, constituído por mais de mil páginas, que foram distribuídas em cinco volumes.

O livro encontra-se inteiramente estruturado no método científico, especialmente pela análise matemática. Partindo de poucos princípios, o livro cresceu alimentando-se do método da analogia com os diversos ramos da Física Clássica.

O manuscrito original desta obra apresenta uma letra bem delineada, bastante caprichada, clara e limpa. Naquela época o autor era um intelectual vanguardista bastante jovem e orgulhoso, que contava apenas 19 anos de idade. Ainda estudante colegial, aplicava-se com afinco à leitura de Descartes, Locke, Rousseau, Voltaire, Leibniz, Galileu, Newton, Einstein etc. Além disso, dedicava todo seu tempo livre na elaboração de profundas pesquisas científicas em física. Somente a juventude do autor poderia permitir a introdução de conceitos inovadores e de ideias inusitadas no campo da Física Clássica, como se pode constatar nesta obra.

Na falta de um nome apropriado para designar as novas leis, fórmulas e conceitos, provisoriamente, lancei mão do nome que estava mais acessível naquele momento: "Leandro". Entretanto, tal nome poderá ser substituído por outra designação mais adequada, que a ciência achar conveniente.

O próprio título da obra articula bem os seus objetivos: "Elasticidade". Ela visa realizar o estudo sistemático das propriedades das deformações elásticas e plásticas que os corpos apresentam ao serem submetidos à ação de uma intensidade de força.

O **primeiro volume** desta série é dedicado ao estudo dos princípios fundamentais envolvidos nas deformações elásticas. Nele é analisado o equilíbrio elástico, o conceito de dinamoscópio, dinamômetros, escalas dinamométricas, quantidade elástica, tração, compressão, deformações lineares, superficiais e volumétricas e finalmente analisa a relação entre as deformações e a temperatura.

O **segundo volume** foi consagrado ao estudo dos sistemas e instrumentos de medidas elásticas, como por exemplo, os leandrometros e multímetros dinamoscópico, bem como o estudo das pontes elásticas, associações em série e em paralelo de corpos dinamoscópicos.

O **terceiro volume** desta série é destinado ao estudo das grandezas físicas da Cinemática e da Dinâmica, aplicadas às forças e às deformações elásticas dos corpos dinamoscópicos.

O **quarto volume** está voltado ao estudo das contrações e expansões laterais provocadas pelas deformações por tração e compressão linear, superficial e volumétrica.

O **quinto volume** desta série propõe estudar os corpos dinamoscópicos elásticos, semielásticos e plásticos, rigidez dinamoscópica, ponto de ruptura, conceitos geométricos aplicados na dinamoscopia, campo elástico e estudos sobre os reostatos dinamoscópicos.

Enfim, o livro é revolucionário e inovador. Ele traz em seu bojo muitas pesquisas originais e inéditas, produzidas pelo autor em sua juventude. Esta obra estabelece claramente um paradigma ao criar um novo ramo da Física Clássica: Elasticidade.

O autor folga em oferecer ao grande público ledor esta maravilhosa obra, esperando que venha a ter boa acolhida entre os homens de ciência e visionários do futuro, a fim de que o universo do nosso conhecimento continue no seu grande processo de expansão.

leandrobertoldo@ig.com.br

CAPÍTULO I
Contração Lateral

1. Introdução

No presente capítulo, passo a introduzir o conceito de "contração lateral"; analisando e propondo as principais leis que regem a contração lateral. Estas leis são de extrema importância e fundamentais na compreensão da teoria da elasticidade que venho propondo.

2. Noção de Contração Lateral

Verifica-se experimentalmente que, ao fixar um corpo dinamoscópicos perfeitamente elástico, como por exemplo, fios elásticos ou sólidos em geral, por meio de uma de suas extremidades a um referencial inercial. E ao imprimir na outra extremidade uma força suficientemente intensa, verificar-se-á o aparecimento de uma deformação no referido corpo dinamoscópico.

Quando essa intensidade de força é impressa na direção longitudinal e a deformação resultante é por tração; as duas dimensões transversais diminuem em todos os sentidos. E as mesmas só voltarão ao seu estado natural quando o corpo dinamoscópico restituir a deformação por tração ao seu estado primitivo e isto somente ocorre na ausência total de forças. Esse comportamento verificado experimentalmente vem a sugerir a existência de uma propriedade inerente a alguns corpos dinamoscópicos perfeitamente elásticos – propriedade esta, que não está presente em alguns tipos de deformações perfeitamente elásticas, como por exemplo, a flexão angular.

Assim, as experiências realizadas indicam que os corpos dinamoscópicos de deformações perfeitamente elásticas; como os sólidos e os fios elásticos ao sofrerem uma deformação por tração, passam a apresentar uma diminuição em sua área de seção transversal ao passo que apresentam um aumento na sua seção longitudinal. Na ausência da ação da força imprimida, ambas restituem-se ao seu estado primitivo.

O fenômeno da diminuição da área da seção transversal é denominado por "contração lateral". E, é uma espécie de compressão elástica.

Desse modo, uma propriedade fundamental dos corpos dinamoscópicos perfeitamente elásticos reza o seguinte postulados:

"Sempre que um corpo dinamoscópico perfeitamente elástico for submetido a uma deformação por tração, a área de sua seção longitudinal aumenta e a área de sua seção transversal diminui".

A oração apresentada no referido postulado, aparece sempre que um corpo dinamoscópico é submetido à ação de uma intensidade de força e, na ausência da ação da referida força a seção longitudinal restitui-se ao seu estado natural e a seção transversal, por consequência, passa a restituir-se ao seu estado primitivo. Portanto, a deformação longitudinal depende da ação da força, pois quando esta é impressa no corpo dinamoscópico, este sofre uma deformação e na ausência da referida força, restitui-se ao seu estado primitivo. Algo semelhante ocorre com a seção transversal, pois sob a ação de forças ela se contrai e na ausência da referida força, restitui-se ao estado primitivo.

Logo, a referida observação vem trazer à luz um novo postulado. Esse postulado reza a seguinte oração:

"Tanto a deformação longitudinal, quanta a contração transversal está na dependência direta da ação da intensidade de força imprimida".

Estas propriedades elásticas qual os postulados de Leandro versam é o motivo da existência do presenta capítulo.

3. Estado Elástico ou Dinamoscópico da Contração Lateral

O estado elástico da contração lateral, por ser perfeitamente elástica, apresenta-se sob a forma de deformação ou sob a forma de restituição ao seu estado primitivo. Podendo passar de uma situação para outra e vice-versa. Assim, a deformação da contração lateral é elástica e, portanto distingue-se sob duas fases distintas que são as seguintes:

a) Fase de Deformação
b) Fase de Restituição

Fase de Deformação

A fase de deformação é a fase em que ocorre propriamente dito, a deformação da contração lateral; ou seja, é a fase iniciada no instante em que o corpo dinamoscópico sofre uma deformação por tração, por consequência da ação da força aplicada e termina quando o corpo dinamoscópico sofre a deformação máxima, tanto no que se refere à deformação da seção transversal quanto à deformação da seção longitudinal, dentro dos limites elásticos.

Fase de Restituição

A fase de restituição é a fase em que a deformação da contração lateral restitui ao seu estado primitivo; ou seja, aquela iniciada a partir da máxima deformação e que se prolonga até o momento em que a deformação da contração lateral retorna ao seu estado natural.

Como a deformação da seção transversal é consequência direta da deformação da seção longitudinal; ambas as deformações restituem ao seu estado primitivo, simultaneamente e ambas atingem a deformação máxima simultaneamente.

A fase de restituição da seção transversal ocorre quando a deformação da seção longitudinal estiver também em fase de restituição. Esta, por sua vez, ocorre quando a ação da força deformatória é retirada do corpo dinamoscópico, e este devido a sua elasticidade interna retornam ao seu estado primitivo.

4. Tipos de Elasticidade da Contração Lateral

Verificou-se experimentalmente que, ao prender um corpo dinamoscópico perfeitamente elástico por uma de suas extremidades a um plano horizontal fixo, e ao imprimir na outra extremidade uma intensidade de força, o corpo, evidentemente, sofrerá uma deformação linear, ou seja, longitudinal e por consequência desta, sofre uma deformação transversal denominada por contração lateral e, no entanto ambas poderão restituir-se ao seu estado primitivo.

Então, este fato evidenciado através de experiências, leva a dividir e classificar a elasticidade da contração lateral de acordo com as três classes de elasticidades que postulei no início do presente livro.

A primeira classe versa sobre a elasticidade perfeita. E toda deformação é classificada por elasticidade perfeita quando, retirada a ação da força imprimida, o corpo dinamoscópico restitui-se integralmente ao seu estado inicial. Desse modo, no que se refere a deformação por contração lateral, a elasticidade dessa contração só é perfeita quando a deformação da seção transversal restitui-se ao seu estado primitivo na ausência da ação da força imprimida. Este fenômeno ocorre na maioria dos casos de deformação elástica perfeita.

A segunda classe versa sobre a elasticidade parcial. Todas as deformações classificadas nesta classe restituem-se apenas parcialmente. Dessa maneira, quando o corpo dinamoscópico sofre uma deformação de contração lateral e esta se restitui apenas parcialmente, então, evidentemente, tem-se um caso de elasti-

cidade parcial na deformação da seção transversal. Finalmente ocorre a elasticidade plástica que caracteriza as deformações permanentes dos corpos dinamoscópicos. Desse modo, quando a deformação da seção transversal não restituir-se de maneira alguma ao seu estado primitivo, trata-se então de um corpo dinamoscópico constituído por elasticidade plástica.
Com os referidos dados, está então classificada a elasticidade da contração lateral.

5. Tipo da Deformação da Contração Lateral

Um corpo dinamoscópico perfeitamente elástico, somente sofrerá uma deformação por contração lateral quando sofrer uma deformação longitudinal por tração.
Pode-se dizer que a deformação por contração lateral é indiretamente caracterizada pela deformação linear. É muito semelhante à deformação por compressão; pois, a seção transversal diminui à medida que a seção longitudinal aumenta. Como a seção longitudinal aumenta com o aumento da intensidade da força imprimida, então, conclui-se que, a seção transversal diminui à medida que a intensidade da força imprimida aumenta. E a referida definição é a própria que desenvolvi para caracterizar a deformação por compressão.

6. Método do Carimbo de Leandro

O presente método foi desenvolvido com o objetivo exclusivo de medir as deformações por tração ou compressão e as contrações laterais resultantes.
Não se trata de um método de precisão, porém, está dentro dos propósitos ao qual me proponho a concluir.
Esse método consiste em submeter o corpo dinamoscópico a uma deformação por tração; logo depois passar tinta em uma

de suas áreas laterais e carimbar essa área em uma folha de papel em branco. Feito isso, tem-se na folha carimbada, o comprimento da aresta longitudinal e transversal.

Depois se deve submeter o corpo dinamoscópico a uma nova intensidade de força, e repetir todo o processo de carimbar a folha em branco.

A análise das medidas obtidas nos carimbos possibilitará a dedução das leis para a contração lateral.

7. Teorema de Leandro

De um modo genérico, quando um corpo dinamoscópico perfeitamente elástico sofre uma deformação por tração, altera-se o estado da seção transversal como uma consequência direta da tração do corpo dinamoscópico.

A cada intervalo da deformação por tração corresponde a um intervalo da deformação da contração lateral. Esse equilíbrio de deformações dependentes sugere o denominado teorema de Leandro, que é enunciado nos seguintes termos:

"A deformação da contração lateral presente na seção transversal depende diretamente da deformação por tração presente na seção longitudinal".

Dessa maneira a deformação por tração da seção longitudinal é sempre o limite da deformação por contração lateral da seção transversal.

Suponha-se que na deformação da contração lateral (ΔC_1), a deformação por tração varie de (ΔL_1) e como consequência, na deformação da contração lateral (ΔC_2) varie de (ΔL_2).

Desse modo, por consequência do Teorema de Leandro, pode-se afirmar que:

"Em um mesmo corpo dinamoscópico de seção transversal reta uniforme dentro do denominado regime elástico, a deformação por tração que resulta da ação da intensidade de força imprimida é igual à deformação da contração lateral, pois esta é o limite daquela".

O referido enunciado é expresso simbolicamente pela seguinte igualdade:

$$\Delta L = \Delta C$$

Como (ΔL) é o limite da contração lateral (ΔC), então pode escrever que:

Ou então:

$$\Delta L_1/\Delta L_2 = \Delta C_1/\Delta C_2$$

$$\Delta L_1/\Delta C_1 = \Delta L_2/\Delta C_2$$

As conclusões que derivam permitem afirmar que as deformações por contração lateral sofrida pelos corpos dinamoscópicos de mesmas características, são inversamente proporcionais às deformações por tração resultante do sistema dinamoscópico. Estes postulados permitem ainda deduzir um novo teorema, que é enunciado nos seguintes termos:

"A variação da contração lateral num ponto do interior de um corpo dinamoscópico submetido a uma deformação por tração é transmitida integralmente em toda a extensão do corpo dinamoscópico em debate".

Com isso estou afirmando que, qualquer corpo dinamoscópico perfeitamente elástico com qualquer área de seção transversal, ao ser submetido a uma deformação por tração, ele sofre em qualquer ponto lateral na extensão desse corpo dinamoscópico, uma contração.

8. Lei da Direção da Contração Lateral

Ao afixar um corpo dinamoscópico por uma de suas extremidades a um referencial inercial, e na outra imprimir uma intensidade de força. Então, verifica-se uma deformação por tração ocorrendo simultaneamente com uma contração lateral.

Para se determinar a direção da deformação da contração lateral, utiliza-se a seguinte lei, enunciada nos seguintes termos: "O sentido comum da deformação elástica da contração lateral é tal que, por seus efeitos, é perpendicular à direção da deformação por tração".

Uma lei do sentido da contração lateral implica que: "Em qualquer sentido lateral de um corpo dinamoscópico, o sentido da deformação da contração lateral é tal, que por seus efeitos, ela se opõe uma a outra".

9. Força Elástica Resultante na Contração Lateral

Quando um corpo dinamoscópico sofre uma deformação por tração, ele também apresenta uma deformação caracterizada pela contração lateral. Embora a intensidade de força imprimida no corpo dinamoscópico seja aplicada no extremo da seção longitudinal, ocorre também, o aparecimento de uma intensidade de força elástica lateral, que resulta na deformação da contração lateral.

Em um corpo dinamoscópico de seção reta uniforme ou não, cada ponto da extensão lateral do corpo dinamoscópico apresenta a mesma intensidade de força. Isto é evidente, pois um dos princípios fundamentais de Leandro afirma que: "A força elástica de um corpo dinamoscópico se distribui uniformemente em toda a extensão do mesmo". Isso significa que em cada ponto do corpo dinamoscópico, a intensidade de força é a mesma.

Assim, à medida que um corpo dinamoscópico sofre uma deformação por tração, a intensidade de força imprimida na referida tração, também vai sofrendo uma variação. E à medida que, lateralmente, o corpo dinamoscópico vai se contraindo, a intensidade da força elástica lateral também vai sofrendo uma variação. Ou seja, à medida que a deformação por tração vai aumentando a deformação da contração lateral também aumenta. E como a deformação por tração aumenta com o aumento da intensidade de força, então a intensidade da força elástica lateral também aumenta.

Suponha-se então que, a extremidade onde a intensidade de força estava sendo impressa, seja afixada a um referencial em repouso. Nesse caso, mantendo-se a deformação por tração em repouso sob a ação de uma força; ou seja, mantendo-a em equilíbrio elástico, também se mantém a deformação por contração lateral em repouso; ou melhor, em equilíbrio elástico. E nesse corpo dinamoscópico perfeitamente elástico permanecerá a força elástica integralmente armazenada sob a forma de deformação por tração e por contração lateral.

10. Unidades de Contração Lateral

A unidade que predomina na elasticidade é a de força e a de comprimento. Estas apresentam validade para qualquer tipo de deformação, seja ela por tração, compressão ou por contração lateral; enfim, para qualquer outra modalidade de deformação. Naturalmente, elas devem ser compatíveis com as grandezas medidas.

Assim, para a unidade de comprimento tem-se: metro, centímetro, milímetro, etc. Para a unidade de força tem-se o Newton, a dina, etc.

CAPÍTULO II
Primeira Lei da Contração

1. Introdução

Numa deformação por tração, o aumento da intensidade de força imprimida longitudinalmente, acarreta um aumento na deformação por tração, ocasionando por consequência um aumento na contração lateral.

Experimentalmente pude estabelecer leis para relacionar as contrações laterais resultantes com as deformações por trações provocadas pela ação da intensidade de força imprimida.

Essas leis serão largamente estudadas e debatidas no presente item, para tanto considere um corpo dinamoscópico perfeitamente elástico, cuja figura geométrica é semelhante a um paralelepípedo retilíneo uniforme.

Afixando uma das extremidades desse corpo dinamoscópico a um referencial inercial e imprimindo-se na outra extremidade uma dada intensidade de força, verificar-se-á longitudinalmente uma deformação por tração. E lateralmente, na seção transversal, em todos os sentidos, verificar-se-á a denominada "contração lateral", cuja direção da deformação é perpendicular ao sentido da deformação por tração.

A deformação da contração lateral só é chamada de elasticidade perfeita quando, retirada a ação da intensidade da força imprimida, a deformação por tração restituiu-se ao seu estado primitivo, conjuntamente com a restituição da contração lateral ao seu estado primordial (C_0).

Desse modo, quando um corpo dinamoscópico perfeitamente elástico é submetido à ação de uma intensidade de força, cujas deformações longitudinais são por trações, as suas dimensões transversais diminuem; assim, à medida que a deformação por tração vai aumentando, o diâmetro da seção transversal diminui. Esse é o fenômeno da conhecida deformação por contração lateral, e esta pode ser perfeitamente elástica, parcialmente elástica ou ainda perfeitamente plástica.

Seja então, um corpo dinamoscópico homogêneo de seção reta uniforme, cuja geométrica é caracterizada por um paralelepípedo retilíneo, preso por uma de suas extremidades a um referencial inercial. E ao imprimir uma intensidade de força na extremidade inferior, o referido corpo dinamoscópico, passa a sofrer uma deformação por tração e uma contração lateral.

Deve-se procurar entender por variação da contração lateral (ΔC), somente o comprimento transversal da aresta deformada no processamento da contração lateral. Antes de ser submetida à ação da intensidade de força, a seção transversal apresenta lateralmente, em cada uma das arestas, um comprimento lateral inicial caracterizado por (C_0). Ao imprimir uma intensidade de força longitudinalmente, o corpo dinamoscópico sofre uma deformação por tração, que por sua vez provoca o aparecimento de uma contração lateral. Cada uma das arestas da seção transversal adquire um valor (C) menor do que o comprimento das arestas da seção transversal inicial (C_0).

Desse modo, na contração lateral a variação da deformação de uma das arestas (ΔC), é igual ao comprimento inicial dessa aresta (C_0), pela diferença do comprimento do corpo dinamoscópico contraído (C).

A variação de uma grandeza é a diferença entre um valor posterior e um valor anterior da mesma. Porém, de acordo com a convenção leandrina, a variação da grandeza acima referida, será a diferença entre um valor anterior e um valor posterior da mesma. Pois, o comprimento da aresta em um estado posterior será menor do que a do comprimento anterior, e, desse modo, dentro da convenção leandrina, a variação (ΔC) será positiva, acarretando sinal positivo.

Logo, a referida grandeza é expressa simbolicamente por:

$$\Delta C = C_0 - C$$

Pois o comprimento inicial da aresta da seção transversal é maior que o comprimento da aresta deformada na contração lateral.

Simbolicamente, o referido enunciado é expresso simbolicamente por:

$$C_0 > C$$

2. Primeira Lei de Leandro Para a Contração Lateral

Pode-se verificar experimentalmente que, ao afixar um corpo dinamoscópico perfeitamente elástico por uma de suas extremidades a um referencial em repouso, e, na outra extremidade provocar uma deformação por tração (ΔL_1), o referido corpo dinamoscópico, sofrerá uma contração lateral em suas arestas (ΔC_1).

Da mesma maneira, ao provocar uma deformação por tração (ΔL_2), verificar-se-á que a aresta da seção transversal do corpo dinamoscópico, se contraíra para um comprimento (ΔC_2) diferente de (ΔC_1). Evidentemente nessa análise, estou considerando apenas a deformação de uma das arestas.

Tratando-se de medir as deformações por tração que resultam e as respectivas contrações laterais, observar-se-á que; se a deformação por tração (ΔL_2) for o dobro da deformação por tração anterior (ΔL_1), ($\Delta L_2 = 2\Delta L_1$), a deformação da contração lateral (ΔC_2) será o dobro da deformação por contração anterior (ΔC_1), ($\Delta C_2 = 2\Delta C_1$).

Repetindo sucessivamente a experiência descrita, com uma deformação por tração triplicada ($\Delta L_3 = 3\Delta L_1$), observar-se-á que a deformação da contração lateral também será triplicada ($\Delta C_3 = 3\Delta C_1$); quadruplicando a deformação por tração ($\Delta L_4 =$

4ΔL_1), a deformação da contração lateral também será quadruplicada ($\Delta C_4 = 4\Delta C_1$); e levando adiante esse processo até a enésima deformação por tração ($\Delta L_n = \eta \cdot \Delta L_1$), ocorrerá a enésima deformação por contração lateral ($\Delta C_n = \eta \cdot \Delta C_1$); desde que não ultrapasse o conhecidíssimo limite de elasticidade; ou melhor, as deformações que resultam devem permanecer dentro da região que compreende o regime perfeitamente elástico.

Desse modo conclui-se que o corpo dinamoscópico perfeitamente elástico sofre deformações por contrações laterais iguais quando apresentam deformações por trações iguais. Nessas condições, a proporcionalidade verificada entre as variações da deformação por contração lateral e as respectivas deformações por trações é uma constante. Costumo também afirmar, de outra maneira, que as deformações das contrações laterais são diretamente proporcionais às deformações por tração.

Durante o primeiro intervalo da deformação por contração, esta passou de (C_0) para (C_1), ou seja, variou de ($\Delta C = C_0 - C_1$); e a deformação por tração, passou de (L_0) para (L_1), isto é, variou de ($\Delta L = L - L_0$). Analogamente, pode-se seguir tal procedimento com relação às demais deformações por contração lateral ($\Delta C_2, \Delta C_3, ..., \Delta C_{n-1}, \Delta C_n$), provenientes por consequência da deformação por tração, a qual o corpo dinamoscópico está submetido.

Desse modo, de acordo com a definição, obtém-se:

$$C_0 - C_1/\Delta L_1 = C_1 - C_2/\Delta L_2 = ... = C_{n-1} - C_n/\Delta L_n \equiv \text{constante} \equiv K$$

Ou então, fazendo que:

$$\Delta C_1 = C_0 - C_1; \Delta C_2 = C_1 - C_2; ...; \Delta C_n = C_{n-1} - C_n$$

Tem-se o seguinte:

$$\Delta C_1/\Delta L_1 = \Delta C_2/\Delta L_2 = ... = \Delta C_n/\Delta L_n \equiv K$$

Na verdade, a proporção indica que a deformação por contração lateral em qualquer trecho da deformação por tração é constante.

Dessa maneira, considerando um corpo dinamoscópico perfeitamente elástico, analisando o intervalo da deformação por contração lateral e o intervalo da deformação por tração verifica-se, então, que (C) e (C + ΔC) corresponde às contrações laterais instantâneas oriundas do processo de deformação por tração (L) e (L + ΔL), respectivamente.

Define-se a constante de Leandro (μ) no intervalo que compreende a deformação por tração (ΔL), pelo seguinte quociente:

$$\mu = \Delta C / \Delta L$$

A referida relação simbólica é enunciada oralmente nos seguintes termos:
"Em regime de deformação elástica, a contração lateral é diretamente proporcional à deformação por tração".

A referida lei é válida para todos os tipos de deformação, dentro dos limites das deformações perfeitamente elásticas. Deixa de ser válida quando ultrapassa esse limite. Onde o valor da constante de proporcionalidade (μ) é uma característica do corpo e do material dinamoscópico, é denominada por "constante de Leandro". A constante de Leandro (μ) não apresenta unidades, pois é a relação entre os comprimentos de duas deformações (μ = ΔC/ΔL). E em física, as grandezas que não apresentam unidades são denominadas por "grandezas adimensionais" e são expressas em termos de porcentagem.

A constante de Leandro depende da natureza do material de que é constituído o corpo dinamoscópico; das dimensões envolvidas e de muitos outros fatores externos.

A constante de Leandro exprime a diminuição das dimensões das seções transversais em relação às dimensões das seções longitudinais.

Qualquer que seja o material que constitui o corpo dinamoscópico, a contração lateral sempre é menor do que a deformação por tração da seção longitudinal, e a constante de Leandro (μ) é constituída por um valor numérico sempre inferior ao índice (1); com isso, conclui-se que a diminuição da grandeza envolvida na deformação por contração lateral da seção transversal nunca pode ser igual à grandeza envolvida na deformação por tração oriunda da seção longitudinal.

3. Equação da Primeira Lei de Leandro Para a Contração Lateral

Qualquer corpo dinamoscópico perfeitamente elástico, ao apresentar uma deformação por tração, apresenta também uma constante de Leandro absoluta durante todo o processamento da deformação.

Dessa maneira, posso concluir a existência dos seguintes postulados:

A - Em qualquer estágio da deformação, a constante de Leandro escalar média no corpo dinamoscópico perfeitamente elástico é a mesma.

B - Em qualquer estágio, a constante de Leandro escalar instantânea no corpo dinamoscópico é a mesma e ainda igual à constante de Leandro escalar média em qualquer estágio da deformação.

C - O corpo dinamoscópico perfeitamente elástico sofre deformação por contrações iguais em intervalos de deformações por trações iguais.

Passarei então a estudar a contração e a tração, considerando para tanto um corpo dinamoscópico perfeitamente elástico qualquer.

Considere os seguintes enunciados:

a) Ao se iniciar o processamento da deformação por tração, o corpo dinamoscópico não precisa necessariamente se encontrar em seu estado primitivo ($\Delta L = 0$), ou seja, ele pode estar previamente submetido a uma deformação por tração.

b) Do mesmo modo, no processamento da contração lateral, o corpo dinamoscópico não precisa obrigatoriamente se encontrar totalmente restituído ao seu estado inicial quando ($F = 0$), desse modo, o corpo dinamoscópico pode apresentar previamente uma deformação por contração.

c) A finalidade do presente estudo é determinar o comprimento da seção transversal assumida pelo corpo dinamoscópico, com relação a uma origem qualquer. Convém, no entanto, lembrar que comumente se costuma confundir os conceitos de deformação por contração e o comprimento assumido no processamento da contração do corpo dinamoscópico.

Dando prosseguimento ao estudo, introduzirei então uma lei que permita determinar o comprimento da seção transversal em relação à deformação por tração.

Durante o processamento da deformação por tração ($L - L_0$), o corpo dinamoscópico sofreu uma contração lateral real expressa pro ($C_0 - C = \Delta C$).

Da definição da constante de Leandro escalar média, tem-se:

$$\mu_m = \Delta C / \Delta L$$

Como nesse caso a constante de Leandro escalar média se iguala à constante de Leandro escalar instantânea ($\mu_m = \mu$), pode-se escrever que:

$$\mu = \Delta C/\Delta L = C_0 - C/L - L_0$$

$$\mu = (C_0 - C)/\Delta L$$

Portanto vem que:

$$C_0 - C = \mu \cdot \Delta L$$

$$C_0 - \mu \cdot \Delta L = C$$

$$C = C_0 - \mu \cdot \Delta L$$

Esta é a equação da constante lateral, que vem a permitir a determinação do comprimento assumido na contração lateral em função da deformação por tração ao qual o corpo dinamoscópico está submetido.

4. Análise da Equação da Contração Lateral

Uma análise superficial da equação da contração lateral, na primeira lei de Leandro, revela claramente que o comprimento de uma das arestas da seção transversal depende em um dado corpo dinamoscópico, tão-somente da variação da deformação por tração, na situação considerada, já que tanto o comprimento inicial da seção transversal, quando a constante de Leandro, são, de certa forma, absolutas para um dado corpo dinamoscópico.

a) $C_0 \equiv$ **constante**
b) $\mu \equiv$ **constante**

Logo, isso permite concluir que, o comprimento assumido pelo corpo dinamoscópico, na deformação lateral é uma função da deformação por tração.

Isso permite escrever simbolicamente que:

$$C = f(\Delta L)$$

Pois então, estudarei a dependência de (C) em função da (ΔL).

c) ($\Delta L = 0$) - Quando a variação da deformação por tração é nula, o que ocorre sempre que um corpo dinamoscópico não é submetido à ação de uma intensidade de força, vem que:

$$C = C_0 - \mu \cdot \Delta L$$

Como

$$\mu \cdot \Delta L = 0$$

Segue-se que:

$$C = C_0$$

Isso permite afirmar que o comprimento da seção transversal de um corpo dinamoscópico corresponde ao comprimento da referida seção no seu estado primitivo, ou seja, no total ausência de forças.

Em outros termos, eu afirmaria que o comprimento da seção transversal alcança um valor máximo, ao igualar-se ao seu comprimento inicial.

d) ($\Delta L > 0$) - Conforme aumenta a variação da deformação de um corpo dinamoscópico, o comprimento da seção transversal decresce.

e) ($\Delta L_{máximo}$) - O decrescimento do comprimento da seção transversal (C), em função do acréscimo da deformação por tração (ΔL), ocorre somente até certo estágio em que (C) alcança o seu mínimo valor possível, ou seja, (C = 0). Quando isso ocorre, o valor de (ΔL) será máximo (ΔL_{mx}).

Evidentemente, o comprimento da seção transversal não pode ser nulo, visto que isto implicaria na ausência da seção transversal e, portanto do corpo dinamoscópico, o que é impossível.

Porém, considerando as deformações, dentro do seu limite elástico. Pode-se concluir que, quando a deformação por tração alcança o seu valor máximo (ΔL_{mx}) dentro dos limites perfeitamente elásticos; o comprimento da seção transversal (C) atinge o seu mínimo valor possível (C_{min}) dentro do regime das deformações perfeitamente elásticas.

Isto permite estabelecer a seguinte fórmula:

$$C = \text{mínimo quando } \Delta L = \text{máximo}$$

Como:

$$C = C_0 - \mu \cdot \Delta L$$

Tem-se que:

$$C_{min} = C_0 - \mu \cdot \Delta L_{máx}$$

5. Representação Gráfica

Deseja-se representar graficamente os diversos comprimentos assumidos pela seção lateral.

Por comprimento de seção lateral, deve-se entender que realmente se trata de um comprimento qualquer que possibilita a mensuração da seção transversal. Esse comprimento pode ser o diâmetro para os corpos dinamoscópicos cilíndricos. Pode ser uma das arestas de uma seção quadrilátera, e assim por diante.

Tal deformação tem com equação $(C = C_0 - \mu \cdot \Delta L)$; esta apresenta a forma de um equação do primeiro grau ou equação linear, do tipo $(Y = a + b \cdot x)$, que apresenta como gráfico uma reta. Adotarei então os eixos cartesianos (X) e (Y), tomando em seus lugares, respectivamente, (ΔL) e (C).

A variação de (C) em função da (ΔL), mostra uma dependência claramente linear, o que vem a sugerir uma reta com as seguintes características:

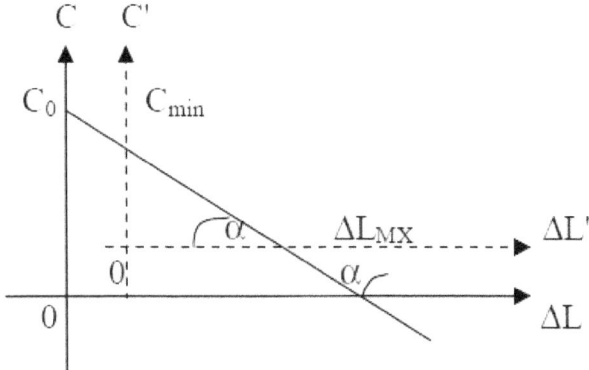

Os gráficos em conjunto procuram mostrar uma deformação hipotética e outra dentro dos limites perfeitamente elásticos.
Desse gráfico segue-se que:

Ou melhor:

$$Tg\alpha = \mu = (C_0 - C)/\Delta L$$

$$Tg\alpha = \mu$$

Dentro dos limites perfeitamente elásticos, vem que:

$$Tg\alpha = (C_0 - C_{min})/\Delta L_{máx}$$

Isto vem a afirmar que a tangente trigonométrica do ângulo, definido entre a reta do comprimento de seção transversal e o eixo das variações de deformações por trações, fornece numericamente a constante de Leandro.

Agora se deseja representar a constante de Leandro no processamento da deformação por tração.

Evidentemente trata-se do diagrama das constantes de Leandro, que vem a representar a constante de Leandro no corpo dinamoscópico em cada intervalo da deformação por tração. Como a constante de Leandro se mantém absoluta durante todo o processamento das deformações, o gráfico representativo será evidentemente dado por uma reta paralela ao eixo das deformações por trações.

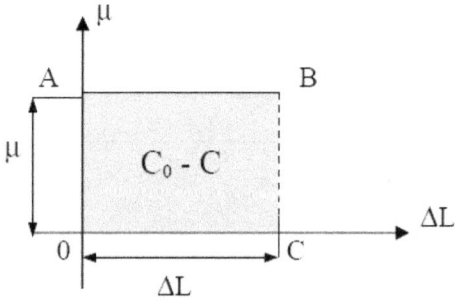

Pode-se então observar um retângulo definido pelos pontos (O, A, B e C). Sua área é expressa pelo valor da base vezes a altura.

$$\text{Área} \equiv (OC).(BC) \equiv \Delta L.\mu \equiv \mu.\Delta L$$

Relembrando a equação da deformação por contração lateral na primeira lei de Leandro, obtém-se:

$$C = C_0 - \mu.\Delta L$$

Portanto:

$$C + \mu.\Delta L = C_0$$

Logo vem que:

$$\mu.\Delta L = C_0 - C$$

Isto simplesmente permite concluir que a área do retângulo fornece numericamente a contração lateral ocorrida ($C_0 - C$).

$$\text{Área} = C_0 - C$$

$$A = C_0 - C$$

Assim, por conclusão, sempre que se almejar obter a deformação por contração de fato verificada em um corpo dinamoscópico, basta simplesmente calcular a área do retângulo, cuja base representa a variação da deformação por tração considerada e cuja altura A representa a constante de Leandro no corpo dinamoscópico considerado.

6. Quantidade Elástica Linear e a Primeira Lei de Leandro Para a Contração Lateral

Quando criei e desenvolvi a Elasticimetria propus que a quantidade elástica de qualquer sistema dinamoscópico se conserva.

Uma das leis que expressa essa quantidade elástica é enunciada nos seguintes termos:

"A quantidade elástica de um corpo dinamoscópico é igual à variação da intensidade de força imprimida nesse corpo em produto com a variação da deformação por tração que o mesmo sofre".

Simbolicamente, o referido enunciado é expresso por:

$$Q = \Delta F \cdot \Delta L$$

Na primeira lei de Leandro para a contração lateral, verifiquei que a variação da contração lateral é diretamente proporcional à variação da deformação por tração.
O referido enunciado é expresso simbolicamente por:

$$\Delta C = \mu \cdot \Delta L$$

Igualando convenientemente as duas últimas expressões, obtém-se a seguinte:

$$Q = \Delta F \cdot \Delta L$$
$$\Delta L = \Delta C / \mu$$

Logo vem que:

$$Q = \Delta F \cdot \Delta C / \mu$$

Isso vem permitir a conclusão de uma nova lei enunciada nos seguintes termos:

A quantidade elástica linear de um corpo dinamoscópico submetido a uma deformação por tração é igual ao quociente da variação da intensidade de força imprimida linearmente em produto com a variação da deformação por contração lateral, verificada no sistema, inversa pela constante de Leandro.

Com o desenrolar da Elasticimetria, demonstrei que a quantidade elástica de um corpo dinamoscópico é igual ao quociente do quadrado da variação da deformação por tração, inversa pela intensidade elástica linear que o mesmo apresenta.

Simbolicamente, o referido enunciado é expresso por:

$$Q = \Delta L^2 / i$$

Sabe-se que a variação de deformação por tração é igual ao quociente da variação da deformação por contração lateral, inversa pela constante de Leandro.

O referido enunciado é expresso simbolicamente pela seguinte relação:

$$\Delta L = \Delta C / \mu$$

Igualando-se convenientemente as duas últimas expressões, obtém-se a seguinte:

$$Q = \Delta L^2 / i$$
$$\Delta L^2 = \Delta C^2 / \mu^2$$

Assim, resulta que:

$$Q = (\Delta C^2 / \mu^2) / (i/1)$$

Sabendo-se que o produto dos meios é igual ao produto dos extremos, obtém-se que:

$$Q = \Delta C^2 / i \cdot \mu^2$$

Isso permite concluir que a quantidade elástica longitudinal de um corpo dinamoscópico que sofre uma deformação por tração é igual ao quociente do quadrado da variação de deformação por contração lateral que resulta do corpo dinamoscópico considerado, inverso pela intensidade elástica linear em produto com o quadrado da constante de Leandro.

Na última expressão pode-se perfeitamente observar que o produto da intensidade elástica linear pelo quadrado da constante de Leandro, resulta simplesmente em uma constante genérica.

Logo, com relação à última expressão, posso afirmar que o quadrado da variação da deformação por contração lateral resultante em um corpo dinamoscópico perfeitamente elástico é diretamente proporcional à quantidade elástica que o sistema dinamoscópico apresenta no processamento de sua deformação por tração.

Simbolicamente, o referido enunciado é expresso por:

$$\Delta C^2 = K \cdot Q$$

Evidentemente a referida constante de proporção depende apenas das características do corpo dinamoscópico considerado.

7. Energia Elástica Linear e a Primeira Lei de Leandro Para a Contração Lateral

Ao procurar generalizar os conceitos energéticos da Elasticimetria, demonstrei que a energia elástica linear de um corpo dinamoscópico perfeitamente elástico e igual ao quociente da quantidade elástica linear, inversa pela constante numérica de índice dois.

O referido enunciado é expresso simbolicamente pela seguinte relação:

$$E = Q/2$$

Demonstrei que a quantidade elástica linear de um corpo dinamoscópico perfeitamente elástico é igual ao quociente da variação da intensidade de força imprimida longitudinalmente no corpo dinamoscópico em produto com a variação da deformação por contração lateral, inversa pela constante de Leandro.

Simbolicamente, o referido enunciado é expresso pela seguinte relação:

$$Q = \Delta F \cdot \Delta C/\mu$$

Igualando-se convenientemente as duas últimas expressões, obtém-se a seguinte:

$$Q = 2E = \Delta F \cdot \Delta C/\mu$$

Logo resulta que:

$$E = \Delta F \cdot \Delta C/2\mu$$

Assim, conclui-se que a energia elástica linear é igual ao quociente da variação da intensidade de força imprimida no corpo dinamoscópico, em produto com a variação da deformação por contração lateral, inversa pelo dobro da constante de Leandro.

Logo depois cheguei à conclusão de que a quantidade elástica linear de um corpo dinamoscópico é igual ao quociente do quadrado da variação da deformação por contração lateral e inversa pela intensidade elástica linear em produto com o quadrado da constante de Leandro.

O referido enunciado é expresso simbolicamente pela seguinte relação:

$$Q = \Delta C^2/i \cdot \mu^2$$

Igualando convenientemente a primeira expressão do presente item com a última do mesmo, resulta que:

$$Q = 2E = \Delta C^2/i \cdot \mu^2$$

Assim, resulta que:

$$E = \Delta C^2/2i \cdot \mu^2$$

Desse modo posso concluir que a energia elástica linear de um corpo dinamoscópico perfeitamente elástico é igual ao quociente do quadrado da variação da deformação por contração lateral, inversa pelo dobro da intensidade elástica linear em produto com o quadrado do valor da constante de Leandro.

Porém, devo chamar a atenção para mostrar que o produto entre o dobro da intensidade elástica linear pelo quadrado da constante de Leandro, resulta em uma constante genérica. Essa constante genérica é expressa simbolicamente por:

$$\alpha = 2i \cdot \mu^2$$

Portanto, com relação à penúltima expressão posso genericamente concluir que:

$$\Delta C^2 = \alpha \cdot E$$

Ou seja: o quadrado da variação da deformação por contração linear é diretamente proporcional à energia elástica linear que o corpo dinamoscópico perfeitamente elástico apresenta.

8. Potência Elástica Linear e a Primeira Lei de Leandro Para a Contração Lateral

A definição de potência implica que a mesma é igual ao quociente da variação da energia, inversa pela variação de tempo decorrido no processamento da deformação do corpo dinamoscópico elástico.

O referido enunciado é expresso simbolicamente pela seguinte relação:

$$p = \Delta E/\Delta t$$

No presente capítulo demonstrei que a energia elástica de um corpo dinamoscópico perfeitamente elástico é igual ao quociente da variação da intensidade de força imprimida longitudinalmente no corpo dinamoscópico em produto com a variação da deformação por contração lateral, inversa pelo dobro da constante de Leandro.

Simbolicamente, o referido enunciado é expresso por:

$$E = \Delta F \cdot \Delta C/2\mu$$

Igualando-se convenientemente as duas últimas expressões, obtém-se a seguinte:

$$E = p \cdot \Delta t = \Delta F \cdot \Delta C/2\mu$$

Logo vem que:

$$p = \Delta F \cdot \Delta C/\Delta t \cdot 2\mu$$

Assim, conclui-se que a potência elástica de um corpo dinamoscópico é igual ao quociente da variação da intensidade de força imprimida no referido corpo dinamoscópico em produto com a variação da deformação por contração lateral que resulta, inversa pelo dobro da constante de Leandro multiplicado pela variação de tempo decorrido no processamento da deformação por tração.

Cheguei a demonstrar que a energia elástica linear de um corpo dinamoscópico é igual ao quociente do quadrado da variação da deformação por contração lateral inversa pelo dobro da intensidade elástica linear em produto com o quadrado da constante de Leandro.

Simbolicamente, o referido enunciado é expresso pela seguinte relação:

$$E = \Delta C^2/2i \cdot \mu^2$$

Que igualada convenientemente com a primeira expressão do presente item, vem a resultar na seguinte relação:

$$E = p \cdot \Delta t = \Delta C^2/2i \cdot \mu^2$$

Assim, conclui-se que:

$$p = \Delta C^2/2i \cdot \mu^2 \cdot \Delta t$$

Logo posso afirmar que a potência dinamoscópica de um corpo perfeitamente elástico é igual ao quociente do quadrado da variação da deformação por contração lateral, inversa pelo dobro da intensidade elástica linear em produto com o quadrado da constante de Leandro multiplicada pela variação de tempo decorrido no processamento da deformação por tração.

Porém, afirmei que o dobro da intensidade elástica linear em produto com o quadrado da constante de Leandro, resulta numa constante geral.

Simbolicamente, o que acabei de afirmar é expresso por:

$$\alpha = 2i \cdot \mu^2$$

Assim, substituindo convenientemente as duas últimas expressões, resulta que:

$$p = \Delta C^2/\alpha \cdot \Delta t$$

Logo, conclui-se que a potência elástica de um corpo dinamoscópico perfeitamente elástico é igual ao quociente do quadrado da variação da deformação por contração lateral, inversa por uma constante de proporção em produto com a variação de tempo decorrido no processamento da deformação linear por tração.

9. Primeira Lei de Leandro Para a Intensidade Elástica e a Primeira Lei de Leandro Para a Deformação Por Contração Lateral

A primeira lei de Leandro para a intensidade elástica é igual ao quociente da variação da deformação por tração, inversa pela variação da intensidade de força imprimida na seção longitudinal do corpo dinamoscópico.

Simbolicamente o referido enunciado é expresso pela seguinte relação:

$$i = \Delta L/\Delta F$$

No presente capítulo demonstrei que a constante de Leandro é igual ao quociente da variação da deformação por contração, inversa pela deformação por tração a qual o corpo dinamoscópico é submetido.

O referido enunciado é expresso simbolicamente pela seguinte relação:

$$\mu = \Delta C/\Delta L$$

Igualando-se convenientemente as duas últimas expressões, resulta que:

$$\mu = \Delta C/i \cdot \Delta F$$

Logo, conclui-se que a constante de Leandro é igual ao quociente da variação da deformação por contração lateral, inversa pela intensidade elástica linear multiplicada pela variação da intensidade de força imprimida longitudinalmente ao corpo dinamoscópico.

Devo chamar a atenção para mostrar que a constante de Leandro multiplicada pela intensidade elástica linear do corpo dinamoscópico, resulta em uma constante genérica.

Simbolicamente o referido enunciado é expresso por:

$$K = \mu \cdot i$$

Substituindo convenientemente as duas últimas expressões, resulta que:

$$\Delta C = K \cdot \Delta F$$

Portanto, conclui-se que a variação da deformação por contração lateral é diretamente proporcional à variação da intensidade de força imprimida longitudinalmente ao corpo dinamoscópico.

Em um próximo item do presente capítulo, vou demonstrar experimentalmente a referida lei.

10. Segunda Lei de Leandro Para a Intensidade Elástica e a Primeira Lei de Leandro Para a Deformação Por Contração Lateral

Demonstrei que a intensidade elástica linear de um corpo dinamoscópico é igual ao coeficiente de deformação linear em produto com o comprimento inicial do corpo dinamoscópico em discussão.

Simbolicamente o referido enunciado é expresso por:

$$i = h \cdot L_0$$

Pela primeira lei de Leandro para a deformação por contração lateral, sabe-se que a constante de Leandro é igual ao quociente da variação da deformação por contração lateral, inversa pela deformação linear por tração.

O referido enunciado é expresso simbolicamente pela seguinte relação:

$$\mu = \Delta C / \Delta L$$

Multiplicando-se as duas últimas expressões, obtém-se a seguinte:

$$\mu \cdot i = \Delta C \cdot h \cdot L_0 / \Delta L$$

Isolando-se convenientemente as constantes características do corpo dinamoscópico, resulta que:

$$\mu \cdot i/h = \Delta C \cdot L_0 / \Delta L$$

Logo, conclui-se que a constante de Leandro multiplicada pela intensidade elástica linear, inversa pelo coeficiente de deformação linear é igual ao quociente da variação da deformação por contração lateral em produto com o comprimento inicial longitudinal do corpo dinamoscópico, inverso pela variação da deformação linear por tração.

Porém, o quociente da constante de Leandro multiplicada pela intensidade elástica linear inversa pelo coeficiente de deformação linear, resulta em uma constante de proporção genérica. Simbolicamente o referido enunciado é expresso por:

$$K = \mu . i/h$$

Igualando-se convenientemente as duas últimas expressões, resulta que:

$$K = \Delta C . L_0/\Delta L$$

Logo vem que:

$$\Delta C = K . \Delta L/L_0$$

Assim, conclui-se que a variação da deformação por contração lateral é proporcional à variação da deformação por tração e inversamente proporcional ao comprimento inicial longitudinal do corpo dinamoscópico.

Isto significa que quanto maior for a variação da deformação por tração, tanto maior será a variação da deformação por contração lateral e quanto maior for o comprimento inicial longitudinal do corpo dinamoscópico, tanto menor será a variação da deformação por contração lateral.

11. Terceira Lei de Leandro Para a Intensidade Elástica e a Primeira Lei de Leandro Para a Deformação Por Contração Lateral

Demonstrei que a intensidade elástica linear de um corpo dinamoscópico é diretamente proporcional ao comprimento inicial do corpo dinamoscópico e inversamente proporcional a área inicial da seção transversal

Simbolicamente o referido enunciado é expresso pela seguinte figura:

$$i = \eta \cdot L_0/A_0$$

Na referida expressão a constante de proporcionalidade (η) é uma grandeza que depende da natureza do material que constitui o corpo dinamoscópico.

Pela primeira lei de Leandro para a deformação por contração lateral, sabe-se que a constante de Leandro é igual ao quociente da variação da deformação por contração lateral, inversa pela variação da deformação por tração.

O referido enunciado é expresso simbolicamente pela seguinte relação:

$$\mu = \Delta C/\Delta L$$

Multiplicando-se convenientemente as duas últimas expressões, obtém-se a seguinte relação:

$$i \cdot \mu = \eta \cdot L_0 \cdot \Delta C/A_0 \cdot \Delta L$$

Desse modo, resulta que:

$$\mu \cdot i/\eta = L_0 \cdot \Delta C/A_0 \cdot \Delta L$$

Logo, conclui-se que a constante de Leandro em produto com a intensidade elástica linear e inversa pela característica dinamoscópica é igual ao quociente da variação da deformação por contração lateral em produto com o comprimento inicial do corpo dinamoscópico, inverso pela variação da deformação linear por tração multiplicada pela área inicial da seção transversal.

Devo chamar a atenção para mostrar que o quociente da constante de Leandro multiplicada pela intensidade elástica linear, inversa pela característica dinamoscópica, resulta em uma constante genérica.

Simbolicamente, o referido enunciado é expresso pela seguinte relação:

$$K = \mu \cdot i/\eta$$

Igualando-se convenientemente as duas últimas expressões, resulta que:

$$K = L_0 \cdot \Delta C/A_0 \cdot \Delta L$$

Logo vem que:

$$\Delta C = K \cdot \Delta L \cdot A_0/L_0$$

Isso permite concluir que a variação da deformação por contração lateral é proporcional à variação da deformação linear por tração multiplicada pela área inicial de seção transversal e inversamente proporcional ao comprimento inicial longitudinal.

A referida lei permite concluir claramente que a variação da deformação por contração lateral será tanto maior quanto maior for a área inicial da seção transversal. Isso permite concluir que a contração lateral depende da área inicial da seção transversal. A mesma lei permite afirmar ainda que a variação da deformação por contração lateral será tanto maior quanto maior for a variação da deformação por tração e será tanto maior quanto menor for o comprimento inicial longitudinal do corpo dinamoscópico.

12. Segunda Lei da Deformação Por Tração e a Primeira Lei da Deformação Por Contração Lateral

Demonstrei experimentalmente que a variação de deformação que um corpo dinamoscópico perfeitamente elástico sofre é igual ao coeficiente de deformação linear multiplicado pelo comprimento inicial do corpo dinamoscópico em produto com a variação da intensidade de força imprimida no processamento da deformação por tração.

Simbolicamente o referido enunciado é expresso por:

$$\Delta L = h \cdot L_0 \cdot \Delta F$$

Verifiquei que a constante de Leandro é igual ao quociente da variação da deformação por contração lateral, inversa pela variação da deformação por tração.

O referido enunciado é expresso simbolicamente pela seguinte relação:

$$\mu = \Delta C / \Delta L$$

Igualando-se convenientemente as duas últimas expressões, resulta que:

$$\mu = \Delta C / h \cdot L_0 \cdot \Delta F$$

Ou seja:

$$\mu \cdot h = \Delta C / L_0 \cdot \Delta F$$

Logo, conclui-se que a constante de Leandro multiplicada pelo coeficiente de deformação linear é igual ao quociente da variação da deformação por contração lateral, inversa pelo comprimento inicial longitudinal em produto com a variação da intensidade de força imprimida longitudinalmente ao corpo dinamoscópico.

Porém, devo chamar a atenção para mostrar que a constante de Leandro em produto com o coeficiente de deformação linear, resulta em uma constante genérica. Simbolicamente o referido enunciado é expresso por:

$$K = \mu \cdot h$$

Portanto, substituindo convenientemente as duas últimas expressões, resulta que:

$$K = \Delta C/L_0 \cdot \Delta F$$

Ou melhor:

$$\Delta C = K \cdot L_0 \cdot \Delta F$$

Desse modo, conclui-se que a variação da deformação por contração lateral é proporcional ao comprimento inicial longitudinal do corpo dinamoscópico em produto com a variação da intensidade de força imprimida longitudinalmente ao corpo dinamoscópico.

13. Terceira Lei da Deformação Por Tração e a Primeira Lei da Deformação Por Contração Lateral

Demonstrei que a variação da deformação por tração de um corpo dinamoscópico é igual ao quociente da característica dinamoscópica em produto com a variação da intensidade de força multiplicada pelo comprimento inicial longitudinal do corpo dinamoscópico, inverso pela área inicial da seção transversal.

Simbolicamente o referido enunciado é expresso pela seguinte relação:

$$\Delta L = \eta \cdot \Delta F \cdot L_0/A_0$$

Nas demonstrações anteriores, verificou-se que a constante de Leandro é igual ao quociente da variação da deformação por contração, inversa pela variação da deformação por tração. Simbolicamente, o referido enunciado é expresso por:

$$\mu = \Delta C/\Delta L$$

Igualando-se convenientemente as duas últimas expressões, obtém-se a seguinte:

$$\Delta L = \Delta C/\mu = \eta \cdot \Delta F \cdot L_0/A_0$$

Portanto resulta que:

$$\Delta C = \mu \cdot \eta \cdot \Delta F \cdot L_0/A_0$$

Logo, conclui-se que a variação da deformação por contração é igual a constante de Leandro multiplicada pela característica dinamoscópica linear do corpo dinamoscópico multiplicada pela variação da intensidade de força imprimida longitudinalmente em produto com o comprimento inicial do corpo dinamoscópico, inverso pela área da seção transversal inicial do corpo dinamoscópico.

Porém, o produto entre a constante de Leandro pela característica dinamoscópica, resulta em uma constante genérica.

Assim, o referido enunciado é simbolicamente expresso por:

$$K = \mu \cdot \eta$$

Substituindo convenientemente as duas últimas expressões, resulta que:

$$\Delta C = K \cdot \Delta F \cdot L_0/A_0$$

Logo, conclui-se que a variação da deformação por contração lateral é diretamente proporcional à variação da intensidade de força imprimida longitudinalmente ao corpo dinamoscópico em produto com o comprimento inicial do corpo dinamoscópico e inversamente proporcional à área da seção transversal.

14. Considerações a Respeito das Deformações por Contração Lateral

Afirmei que a variação da deformação por contração lateral de um corpo dinamoscópico é igual ao comprimento inicial da seção transversal pela diferença do comprimento da seção transversal assumido pelo corpo dinamoscópico em um estágio posterior.

O referido enunciado permite expressar simbolicamente que:

$$\Delta C = C_0 - C$$

A referida expressão é de caráter geral, de modo a caracterizar os comprimentos da seção transversal de diferentes formas geométricas.

Porém, considerando corpos dinamoscópicos, cuja seção transversal apresenta diferentes formas geométricas, obtêm-se os comprimentos de seções transversais caracterizadas por diferentes fórmulas.

Então um corpo dinamoscópico de seção transversal circular, apresentará o comprimento de seu diâmetro caracterizado por:

$$D = l/\pi$$

Onde

$$\pi = 3,14$$

A referida expressão matemática é enunciada nos seguintes termos: "O diâmetro de um circulo é igual ao comprimento do circulo, inversa pelo valor de π".
Na dita fórmula o diâmetro caracteriza o comprimento de seção transversal circular.

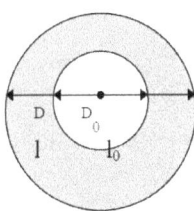

A referida figura geométrica, mostra a seção transversal circular de um corpo dinamoscópico em um estado inicial (D_0) e posteriormente submetida a uma contração por contração lateral, caracterizado por (D).
Logo a variação da deformação por contração lateral é caracterizada por:

$$\Delta D = D_0 - D$$

Geometricamente, afirmo que, a variação do diâmetro da seção transversal numa deformação por contração lateral é igual ao diâmetro inicial da seção transversal do corpo dinamoscópico pela diferença do diâmetro da referida seção em um estágio posterior da deformação do corpo.

Sabe-se que o diâmetro inicial do corpo dinamoscópico é igual ao quociente do comprimento circular inicial do corpo dinamoscópico, inverso pelo valor de (π).

Simbolicamente, o referido enunciado é expresso por:

$$D_0 = l_0/\pi$$

Também, sabe-se que o diâmetro apresentado por um corpo dinamoscópico em um estágio posterior ao inicial, é igual ao comprimento circular do corpo dinamoscópico em um estágio posterior ao inicial, inversa pelo valor de (π).

O referido enunciado é expresso simbolicamente pela seguinte relação:

$$D = l/\pi$$

Substituindo-se convenientemente as três últimas expressões, obtém-se que:

$$\Delta D = D_0 - D$$

$$\Delta D = (l_0/\pi) - (l/\pi)$$

Portanto, resulta que:

$$\Delta D = (l_0 - l)/\pi$$

Isso permite afirmar que a variação de diâmetro de um corpo dinamoscópico numa deformação por contração é igual ao comprimento inicial circular do referido corpo, pela diferença do comprimento circular posterior do referido corpo, inverso pelo valor da constante de (π).

Porém, a variação do comprimento circular de um corpo dinamoscópico é igual ao comprimento circular inicial pela dife-

rença do comprimento circular em um estágio posterior da deformação por contração lateral.
Simbolicamente o referido enunciado é expresso por:

$$\Delta l = l_0 - l$$

Portanto substituindo convenientemente as duas últimas expressões, resulta que:

$$\Delta D = \Delta l / \pi$$

Assim, conclui-se que a variação do diâmetro de um corpo dinamoscópico numa deformação por contração lateral é igual ao quociente da variação do comprimento circular do referido corpo, inverso pelo valor da constante (π).
A referida dedução é perfeitamente válida para um corpo dinamoscópico, cuja seção transversal é perfeitamente circular. Nesses corpos a variação do diâmetro caracteriza a variação do comprimento da seção transversal dos mesmos.
Em se tratando de um corpo dinamoscópico cuja seção é caracterizada por uma figura geométrica quadricular, considere como variação do comprimento da seção transversal, a aresta da referida seção.
De acordo com o teorema de Pitágoras, o quadrado da diagonal é igual à soma dos quadrados da aresta.
Simbolicamente o referido enunciado é expresso por:

$$D^2 = l^2_1 + l^2_2$$

Porém em um quadrado, os comprimentos das arestas são iguais, ou seja:

$$l_1 = l_2$$

Logo, com relação à última expressão vem que:

Assim, resulta que:

$$D^2 = 2l^2$$

$$\sqrt[2]{D^2} = \sqrt{2} \cdot \sqrt[2]{l^2}$$

$$D = l \cdot \sqrt{2}$$

Então um corpo dinamoscópico de seção quadrada, apresentará o comprimento de sua aresta, caracterizado por:

$$l = D/\sqrt{2}$$

A referida expressão matemática é enunciada nos seguintes termos: "a aresta de um quadrado é igual ao quociente do diâmetro do referido quadrado, inversa pela constante numérica, caracterizada pela raiz de dois".

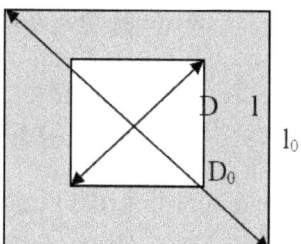

A figura geométrica exposta vem a mostrar a seção transversal quadrada de um corpo dinamoscópico em um estado inicial (l_0), e a um estado submetido a uma deformação por contração lateral, cuja aresta é caracterizada pela letra (l).

Logo, conclui-se que a variação da aresta no processamento da deformação por contração lateral é caracterizada por:

$$\Delta l = l_0 - l$$

Desse modo a variação da deformação da aresta de um corpo dinamoscópico de seção quadrada é igual à aresta inicial pela diferença da aresta posterior assumida pela deformação do corpo dinamoscópico.

É possível demonstrar que a aresta inicial do corpo dinamoscópico é igual ao quociente da diagonal inicial do referido corpo, inversa pela raiz de dois. O referido enunciado é expresso simbolicamente pela seguinte relação:

$$l_0 = D_0/\sqrt{2}$$

Sabe-se que o comprimento da aresta assumido pelo processamento da deformação por contração de um corpo dinamoscópico de seção quadrada é igual ao quociente da diagonal apresentado no referido estágio de deformação, inversa pela raiz de dois. Simbolicamente, o referido enunciado é expresso pela seguinte relação:

$$l = D/\sqrt{2}$$

Substituindo convenientemente as três últimas expressões, obtém-se que:

$$\Delta l = l_0 - l$$

$$\Delta l = (D_0/\sqrt{2}) - (D/\sqrt{2})$$

Logo vem que:

$$\Delta l = (D_0 - D)/\sqrt{2}$$

Assim, conclui-se que a variação da aresta lateral, no processamento da deformação por contração de um corpo dinamoscópico é igual ao quociente da diagonal inicial pela diferença da diagonal que resulta do processamento da deformação, inversa pela raiz de dois.

Porém, a variação da diagonal no processamento da deformação por contração lateral é igual ao comprimento da diagonal inicial pela diferença da diagonal presente no corpo dinamoscópico deformado.

Simbolicamente, o referido enunciado é expresso por:

$$\Delta D = D_0 - D$$

Portanto, substituindo convenientemente as duas últimas expressões, resulta na seguinte relação:

$$\Delta l = \Delta D / \sqrt{2}$$

Desse modo, chega-se à conclusão de que a variação da aresta de um quadrado no processamento de uma deformação por contração lateral é igual ao quociente da variação da diagonal do referido quadrado, inverso pela raiz de dois.

A referida dedução é perfeitamente aplicável no processamento da deformação por contração lateral de um corpo dinamoscópico cuja área da seção transversal é um quadrado.

CAPÍTULO III
Segunda Lei da Contração

1. Introdução

A presente lei já foi deduzida por demonstrações matemáticas anteriores, no presente item vou procurar defini-la sob outro ponto de vista.

Esta lei se fundamenta no princípio da similaridade que pude largamente observar em certas proporções de origem matemática. E esse princípio aplicado na dedução desta lei é enunciado nos seguintes termos:

"Se a deformação da seção reta transversal no processamento da contração é diretamente proporcional à deformação por tração da seção longitudinal. E sabendo-se que a deformação por tração da seção longitudinal é diretamente proporcional à variação da intensidade de força imprimida no processamento dessa deformação. Então pelo princípio da similaridade, conclui-se que a deformação da seção reta transversal na contração, é diretamente proporcional à intensidade da força imprimida no processamento da deformação por tração da seção longitudinal".

Baseado nesse princípio lógico observe que, sempre que um corpo dinamoscópico for submetido à ação de uma intensidade de força, a deformação processada na contração lateral varia uniformemente em todos os sentidos de acordo com a intensidade dessa força.

Esse resultado parece indicar de maneira convincente que a intensidade de força que age lateralmente se iguala à intensidade de força que age longitudinalmente. De tal modo que a força longitudinal é distribuída apenas no sentido da seção transversal, enquanto que a intensidade de força lateral é distribuída ao longo da seção longitudinal.

Porém, esse assunto merece ser discutido em outro item, de forma que agora voltarei ao tema principal.

A variação da deformação por contração lateral varia de um corpo dinamoscópico para outro. Dependendo diretamente em grande parte da elasticidade do material dinamoscópico que se considera.

A esse fenômeno dá-se a denominação de intensidade elástica da contração. Assim, a intensidade elástica da contração lateral é uma grandeza associada à deformação da seção transversal e mede a variação da deformação por contração lateral de um corpo dinamoscópico sob a ação de uma intensidade de força imprimida no processamento da deformação da seção longitudinal.

Em um mesmo corpo dinamoscópico, a intensidade elástica da contração permanece constante; pois o corpo sofre deformações de contrações iguais em intensidade de forças iguais. Quando esse fenômeno ocorre diz-se que a intensidade elástica da contração lateral é constante em qualquer estágio do processamento da deformação por contração lateral. A isto, proponho a seguinte demonstração experimental da referida lei.

Afixando-se um corpo dinamoscópico perfeitamente elástico por uma de suas extremidades a um referencial inercial, e na outra extremidade imprimir uma intensidade de força (ΔF_1), o corpo sofrerá uma deformação por contração lateral, caracterizada por: (ΔC_1).

Do mesmo modo, ao imprimir-se uma nova intensidade de força (ΔF_2) no extremo da seção longitudinal, verificar-se-á que a deformação da contração lateral variará para uma deformação (ΔC_2) diferente de (ΔC_1).

Tratando-se de medir as intensidades das forças imprimidas correspondentes às respectivas deformações de contrações laterais verificar-se-á que, quando a intensidade de força imprimida (ΔF_2) for o dobro da intensidade da força anterior (ΔF_1); ($\Delta F_2 = 2\Delta F_1$), a variação da deformação da contração lateral

(ΔC_2) será o dobro da deformação da contração lateral anterior (ΔC_1); ($\Delta C_2 = 2.\Delta C_1$). Realizando-se a presente experiência tantas vezes o quanto se desejar, o mesmo fenômeno será verificado. Assim, ao realizar a experiência com a intensidade de força imprimida triplicada ($\Delta F_3 = 3\Delta F_1$), observar-se-á que a deformação da contração lateral será triplicada ($\Delta C_3 = 3\Delta C_1$); ao quadruplicar a intensidade da força imprimida ($\Delta F_4 = 4\Delta F_1$) na seção longitudinal, a deformação da contração lateral também será quadruplicada ($\Delta C_4 = 4\Delta C_1$); repetindo-se sucessivamente as referidas experiências, levando esse processo até a enésima intensidade de força imprimida na seção longitudinal ($\Delta F_n = n . \Delta F_1$), ocorrerá a deformação da contração lateral enésima ($\Delta C_n = n . \Delta C_1$); desde que não ultrapasse o limite de elasticidade. Nessas condições, a proporcionalidade registrada entre as variações da deformação da contração lateral e as respectivas intensidades de forças imprimidas na deformação é a mesma constante.

Com essa experiência passo a demonstrar matematicamente a lei de Leandro.

Considerando um corpo dinamoscópico perfeitamente elástico, analisando o intervalo da deformação da contração lateral e a intensidade de força imprimida no corpo dinamoscópico. Sejam, então, (C) e (C + ΔC) suas deformações de contrações laterais instantâneas oriundas das intensidades de força (F + ΔF), respectivamente. Define-se intensidade elástica lateral da contração no intervalo da intensidade de força imprimida (ΔF) longitudinalmente na deformação por tração pelo quociente:

$$a = \Delta C / \Delta F$$

Essa lei reza a seguinte sentença: "Em regime de deformação elástica, a intensidade elástica lateral é igual ao quociente da variação da deformação por contração lateral inversa pela intensidade de força imprimida no extremo livre de seção longitudinal".

A referida lei é perfeitamente válida para todos os tipos de deformações, dentro dos limites das deformações elásticas.

2. Unidade de Intensidade Elástica Lateral

No Sistema Internacional, a unidade de intensidade elástica é o Leandro (ε). A referida unidade já foi largamente estudada em capítulos anteriores.

3. Deformação por Contração Lateral Perfeitamente Elástica

Vou supor agora que um corpo dinamoscópico de qualquer forma geométrica é submetido a uma intensidade de força imprimida longitudinalmente, o que acarreta o aparecimento de uma deformação por contração lateral.

Direi que a deformação por contração elástica é perfeitamente elástica, ou seja, é uniforme quando a relação existente entre as contrações elásticas ocorridas e as respectivas intensidades de forças, imprimida for constante. Costumo também afirmar, de outra maneira, que as contrações laterais são proporcionais às intensidades de forças imprimidas.
Considera a seguinte representação:

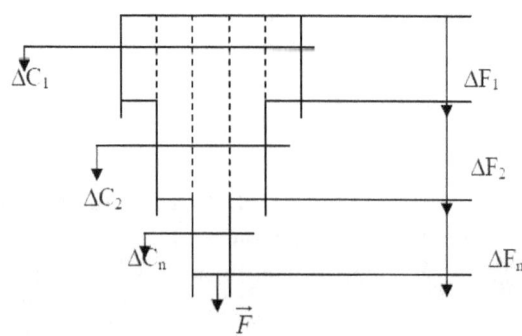

$$\Delta C_1/\Delta F_1 = \Delta C_2/\Delta F_2 = \ldots = \Delta C_n/\Delta F_n \equiv \text{constante} \equiv K$$

A proporção, na verdade, indica que a intensidade elástica lateral escalar média em todos os estágios da deformação por contração é constante.
Se for levada ao limite, obtém-se:

$$\lim_{\Delta F_1 \to 0} \Delta C_1/\Delta F_1 = i_1$$

$$\lim_{\Delta F_2 \to 0} \Delta C_2/\Delta F_2 = i_2$$

$$\lim_{\Delta F_n \to 0} \Delta C_n/\Delta F_n = i_n$$

Logo resulta que:

$$i_1 = i_2 = \ldots = i_n \equiv \text{constante} \equiv K$$

Isso, portanto, vem mostrar que a mesma constante que é a intensidade elástica lateral escalar média em qualquer estágio é também a intensidade elástica lateral escalar instantânea em qualquer intensidade de força.
Costuma-se afirmar que essa constante é a característica que define a deformação perfeitamente elástica.

4. Gráfico da Segunda Lei de Leandro Para a Contração

Uma função linear entre duas variáveis (X) e (Y) é a expressão (Y = K . X), onde (K) corresponde a uma constante. O gráfico desta função é uma reta que passa pela origem (O) e cujo coeficiente angular é o valor de (K).
A segunda lei para as deformações por contração lateral é considerado como a equação de uma contração lateral, de intensidade elástica lateral "a":

$$\Delta C = a \cdot \Delta F$$

Tem-se evidentemente uma função linear entre a contração lateral e a intensidade de força (Y = C), (X = F), (K = a) e, por isso, um corpo dinamoscópico dessa natureza é também chamado de "linear".
Observe o seguinte gráfico:

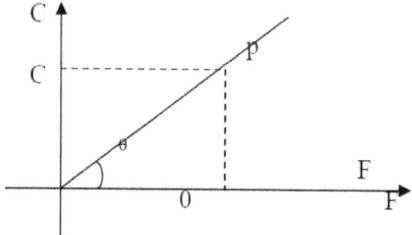

O referido gráfico de (C) em função de (F) é uma reta que passa pela origem, constituindo, assim, a característica de um corpo dinamoscópico em seu processamento de deformação por contração.

O coeficiente angular da reta é numericamente igual à intensidade elástica lateral do corpo dinamoscópico considerado em debate.

Desse modo chega-se à conclusão de que:

$$C/F = R = Tg\theta$$

A mudança de sinal das coordenadas significa inversão da contração lateral e inversão no sentido da intensidade de força imprimida.

5. Equação da Segunda Lei de Leandro Para a Contração Lateral

Quando um corpo dinamoscópico é submetido à ação de uma intensidade de força imprimida longitudinalmente no corpo, ele sofre uma deformação por contração lateral.

A intensidade elástica lateral se mantém constante durante todo o processamento da deformação por contração.

Desse modo posso estabelecer os seguintes postulados:

A - Em qualquer estágio da deformação por contração, a intensidade elástica lateral escalar média do corpo dinamoscópico é sempre a mesma.

B - Em qualquer ponto, a intensidade elástica lateral escalar instantânea do corpo dinamoscópico é a mesma e ainda igual à sua intensidade escalar média em qualquer estágio da deformação.

C - O corpo dinamoscópico sofre deformação por contração elástica iguais em intensidades de forças iguais.

Estudarei então a deformação por contração lateral, considerando para tanto um corpo dinamoscópico qualquer.

Considere os seguintes postulados fundamentais:

I - Ao se iniciar a verificação da deformação o corpo dinamoscópico não precisa obrigatoriamente se encontrar totalmente restituído ao seu estado natural. Ou seja, a contração lateral pode ser encontrada em um determinado estágio de deformação.

Evidentemente, como um dos postulados básicos de Leandro, reza que "toda deformação provém da ação de uma intensidade de força", então se torna evidente que quando um corpo dinamoscópico encontra-se no seu estado natural ou seja de equilíbrio, a intensidade de força imprimida no mesmo é nula. E quando o referido coro apresenta uma deformação por contração lateral, então é porque está sob a ação de uma intensidade de força.

II - A finalidade do presente estudo é determinar o comprimento total da seção transversal quando o corpo dinamoscópico sofre uma deformação por contração lateral em função de uma intensidade de força aplicada perpendicularmente ao sentido do processamento da contração lateral.

Introduzirei então uma lei que permita determinar o comprimento da seção transversal de um corpo dinamoscópico em cada intensidade de força imprimida. No processamento da aplicação da intensidade de força ($F - F_0 = \Delta F$), o corpo dinamoscópico, sofreu realmente uma deformação por contração lateral ($C_0 - C = \Delta C$).

Da definição de intensidade elástica lateral, tem-se:

$$a_m = \Delta C / \Delta F$$

Porém, como a intensidade elástica lateral escalar média se iguala à intensidade elástica lateral escalar instantânea ($a_m = a$), pode-se escrever que:

$$a = \Delta C / \Delta F = C_0 - C / F - F_0 = (C_0 - C)/\Delta F \Rightarrow a = (C_0 - C)/\Delta F$$

Portanto resulta que:

$$C_0 - C = a \cdot \Delta F$$

Isto implica que:

$$C_0 - C - a \cdot \Delta F = 0$$

Assim, vem:

$$C = C_0 - a \cdot \Delta F$$

Esta é a equação da segunda lei de Leandro para a contração lateral, que possibilita determinar, em cada intensidade de força (ΔF), o comprimento da seção transversal do corpo dinamoscópico, com relação à origem no seu estado natural.

6. Representação Gráfica da Equação da Segunda Lei de Leandro Para a Deformação por Contração Lateral

Com esse diagrama pretendo representar graficamente os diversos estágios assumidos pelo comprimento da seção transversal de um corpo dinamoscópico perfeitamente elástico.

Tal deformação tem como equação ($C = C_0 - a \cdot \Delta F$); evidentemente esta possui a forma de uma equação do primeiro grau ou equação linear, do tipo ($Y = a - b \cdot x$), que apresenta como gráfico uma reta. Adotarei então os eixos cartesianos (X) e (Y), tomando em seus lugares, respectivamente, (F) e (C).

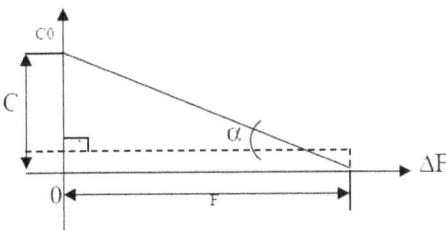

Considerando o triângulo construído graficamente, conclui-se que:

$$Tg\alpha = (C_0 - C)/\Delta F = (C_0 - C)/F = a$$

$$Tg\alpha = a$$

Isto significa que a tangente trigonométrica do ângulo, definido entre a reta das seções transversais e o eixo das intensidades de forças, fornece numericamente a intensidade elástica lateral do corpo dinamoscópico.

7. Diagrama da Intensidade Elástica Lateral

O referido diagrama é aquele que representa a intensidade elástica lateral do corpo dinamoscópico na intensidade de força imprimida. Como essa intensidade elástica lateral se mantém constante durante todo processamento da deformação, o gráfico representativo será evidentemente dado por uma reta paralela ao eixo das intensidades de forças.

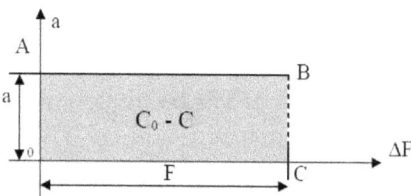

Pode-se observar então o retângulo definido pelos pontos (O, A, B e C). Sua área de acordo com a definição em geometria será expressa por:

$$(A) = \text{área} \equiv \text{Base} \cdot \text{Altura}$$

Onde (A) representa a área do retângulo.

$$A \equiv (OC) \cdot (BC) \equiv F \cdot a = a \cdot F$$

Lembrando-se que:

$$C = C_0 - a \cdot F$$

$$C_0 - C = a \cdot F$$

Isto permite concluir que a área do retângulo fornece numericamente a variação da contração lateral.

$$\Delta C = C_0 - C$$

Logo, conclui-se que:

$$\Delta C = A'$$

Assim, por conclusão, sempre que se almejar obter a contração lateral realmente por um corpo dinamoscópico perfeitamente elástico, bastará efetuar o cálculo da área do retângulo, cuja base representa a intensidade de força imprimida no processamento da referida contração lateral e cuja altura (A) representa a intensidade elástica lateral do corpo dinamoscópico.

8. Quantidade Elástica e a Segunda Lei de Leandro Para a Contração Lateral

No presente capítulo demonstrei que a intensidade elástica lateral é igual ao quociente da variação da deformação por contração lateral, inversa pela intensidade de força imprimida longitudinalmente ao corpo dinamoscópico.

Simbolicamente o referido enunciado é expresso pela seguinte relação:

$$a = \Delta C / \Delta F$$

Em capítulos anteriores demonstrei que a quantidade elástica de um corpo dinamoscópico é igual à variação da intensidade de força imprimida em produto com a variação de deformação.
Simbolicamente o referido enunciado é expresso por:

$$Q = \Delta F \cdot \Delta L$$

Substituindo-se convenientemente as duas últimas expressões, resulta que:

$$Q = \Delta C \cdot \Delta L/a$$

Logo, conclui-se que a quantidade elástica de um corpo dinamoscópico é igual ao quociente da variação da contração lateral em produto com a variação de deformação linear por tração, inversa pela intensidade elástica lateral.
Demonstrei também, que a quantidade elástica é igual a intensidade elástica linear em produto com o quadrado da variação da intensidade de força imprimida longitudinalmente.
O referido enunciado é expresso simbolicamente por:

$$Q = i \cdot \Delta F^2$$

Pela segunda lei de Leandro para a contração lateral, é possível verificar que o quadrado da variação da intensidade de força imprimida é igual ao quociente do quadrado da variação da deformação por contração lateral, inversa pelo quadrado da intensidade elástica lateral.
Simbolicamente, o referido enunciado é expresso por:

$$\Delta F^2 = \Delta C^2/a^2$$

Substituindo-se convenientemente as duas últimas expressões, resulta que:

$$Q = i \cdot \Delta C^2/a^2$$

Logo, conclui-se que a quantidade elástica é igual ao quociente da intensidade elástica linear em produto com o quadrado da variação da contração lateral, inversa pelo quadrado da intensidade elástica lateral.

Por outro lado, a razão entre a intensidade elástica linear pelo quadrado da intensidade elástica lateral, tem como resultado uma constante genérica.

Simbolicamente o referido enunciado é expresso por:

$$\alpha = i/a^2$$

Portanto substituindo convenientemente as duas últimas expressões, resulta que:

$$Q = \alpha \cdot \Delta C^2$$

Logo posso afirmar que a quantidade elástica linear de um corpo dinamoscópico é diretamente proporcional ao quadrado da variação da deformação por contração lateral.

9. Energia Elástica e a Segunda Lei de Leandro Para a Contração Lateral

Demonstrei que a energia elástica de um corpo dinamoscópico perfeitamente elástico é igual ao quociente da quantidade elástica, inversa pela constante numérica de caráter igual a dois.

Simbolicamente o referido enunciado é expresso por:

$$E = Q/2$$

Verificou-se que a quantidade elástica de um corpo dinamoscópico é igual ao quociente da variação da contração lateral em produto com a variação da deformação linear, inversa pelo valor da intensidade elástica lateral.

Simbolicamente o referido enunciado é expresso por:

$$Q = \Delta C \cdot \Delta L/a$$

Substituindo-se convenientemente as duas últimas expressões, resulta que:

$$Q = 2E = \Delta C \cdot \Delta L/a$$

Logo vem que:

$$E = \Delta C \cdot \Delta L/2a$$

Portanto, conclui-se que a energia elástica de um corpo dinamoscópico perfeitamente elástico é igual ao quociente da variação da contração lateral em produto com a variação de deformação linear por tração, inversa pelo dobro da intensidade elástica lateral.

Cheguei também a demonstrar que a quantidade elástica linear de um corpo dinamoscópico é igual ao quociente da intensidade elástica linear em produto com o quadrado da variação da contração lateral, inversa pelo quadrado da intensidade elástica lateral.

Simbolicamente, o referido enunciado é expresso por:

$$Q = i \cdot \Delta C^2/a^2$$

Então substituindo convenientemente a referida expressão com aquela que fornece a energia elástica de um corpo dinamoscópico, conclui-se que:

$$Q = 2E = i \cdot \Delta C^2/a^2$$

Logo resulta que:

$$E = i \cdot \Delta C^2/2a^2$$

Portanto conclui-se que a energia elástica de um corpo dinamoscópico é igual ao quociente da intensidade elástica linear em produto com o quadrado da variação da contração lateral inversa pelo dobro do quadrado da intensidade elástica lateral. Porém, o quociente da intensidade elástica linear inversa pelo dobro do quadrado da intensidade elástica lateral, tem com resultando uma constante genérica.

Simbolicamente o referido enunciado é expresso por:

$$\alpha = i/2a^2$$

Substituindo convenientemente as duas últimas expressões, resulta que:

$$E = \alpha \cdot \Delta C^2$$

Logo, conclui-se que a energia elástica de um corpo dinamoscópico é diretamente proporcional ao quadrado da variação da deformação por contração lateral.

10. Potência Elástica e a Segunda Lei de Leandro Para a Contração Lateral

A potência elástica linear é igual ao quociente da energia elástica, inversa pela variação de tempo decorrido no processamento da deformação.

Simbolicamente o referido enunciado é expresso por:

$$p = E/\Delta t$$

Demonstrei que a energia elástica de um corpo dinamoscópico é igual ao quociente da variação de contração lateral em produto com a variação da deformação por tração, inversa pelo dobro da intensidade elástica lateral.
Simbolicamente o referido enunciado é expresso pela seguinte relação:

$$E = \Delta C \cdot \Delta L/2a$$

Substituindo-se convenientemente as duas últimas expressões, resulta que:

$$p = (\Delta C \cdot \Delta L/2a) / (\Delta t/1)$$

Sabendo-se que os produtos dos meios são iguais aos produtos dos extremos, conclui-se que:

$$p = \Delta C \cdot \Delta L/2a \cdot \Delta t$$

Portanto a potência entregue no processamento da deformação é igual ao quociente da variação da contração lateral pela variação de deformação por tração inversa pelo dobro da intensidade elástica lateral em produto com a variação de tempo decorrido no processamento da deformação.

Em outra demonstração afirmei que a energia elástica de um corpo dinamoscópico é igual ao quociente da intensidade elástica linear em produto com o quadrado da variação da deformação por contração linear, inversa pelo dobro do quadrado da intensidade elástica lateral.
Simbolicamente o referido enunciado é expresso pela seguinte relação:

$$E = i \cdot \Delta C^2/2a^2$$

Substituindo convenientemente a referida expressão com aquela que fornece a potência de deformação de um corpo dinamoscópico, resulta que:

$$p = E/\Delta t = (i \cdot \Delta C^2/2a^2) / (\Delta t/1)$$

Sabendo-se que o produto dos meios é igual ao produto dos extremos resulta que:

$$p = i \cdot \Delta C^2/2a^2 \cdot \Delta t$$

Logo, conclui-se que a potência elástica que ocorre no processamento de uma deformação elástica é igual ao quociente da intensidade elástica linear em produto com o quadrado da variação da contração lateral, inversa pelo dobro do quadrado da intensidade elástica lateral em produto com a variação de tempo decorrido no processamento de deformação.

Cheguei a demonstrar que a energia elástica é diretamente proporcional ao quadrado da variação da deformação por contração lateral.

Simbolicamente o referido enunciado é expresso pela seguinte equação:

$$E = \alpha \cdot \Delta C^2$$

Que substituindo convenientemente com a expressão que traduz a potência elástica utilizada na deformação do corpo dinamoscópico, resulta que:

$$p = E/\Delta t = \alpha \cdot \Delta C^2/\Delta t$$

Logo, conclui-se que:

$$p = \alpha \cdot \Delta C^2/\Delta t$$

Portanto posso afirmar que a potência elástica é proporcional ao quociente do quadrado da variação da deformação por contração lateral, inversa pela variação de tempo decorrido no processamento da deformação do sistema dinamoscópico considerado.

11. Análise da Equação da Segunda Lei de Leandro Para a Contração Lateral

Nos itens anteriores, demonstrei que:

$$C = C_0 - a \cdot \Delta F$$

Uma análise matemática da referida equação, revela claramente as seguintes observações:

a) O comprimento assumido pela seção transversal de um corpo dinamoscópico dependerá tão somente da intensidade de força imprimida, na situação considerada, já que tanto o comprimento inicial da seção transversal quanto a intensidade elástica lateral são constantes características do corpo dinamoscópico considerado.

a) $C_0 \equiv$ constante
b) a $\equiv$ constante

Isto implica que:

$$C = f(F)$$

Estudando então a dependência de (C) em função de (F), revela que:

b) $\Delta F = 0$

Quando a intensidade de força imprimida no corpo dinamoscópico for nula, o que ocorre sempre que este se encontra em seu estado natural, tem-se:

$$C = C_0 - a \cdot \Delta F$$

Como ($\Delta F = 0$), resulta:

$$C = C_0$$

Então, conclui-se que o comprimento da seção transversal de um corpo dinamoscópico na ausência de forças imprimidas é igual ao seu comprimento inicial.

c) $\Delta F > 0$

Conforme cresce a intensidade de força imprimida no corpo dinamoscópico, o comprimento assumido pela seção transversal decresce.

d) $\Delta F_{máximo}$

O decréscimo de (C), em função do acréscimo de (F), ocorre somente até o instante em que (C) alcança seu mínimo valor possível dentro das deformações elásticas. Quando isso ocorrer, o valor da intensidade de força (ΔF), imprimida dentro dos limites das deformações perfeitamente elásticas, será máximo ($i_{máx}$).

12. Relações Gerais Entre a Segunda Lei de Leandro Para a Contração Lateral e Equações Quais da Deformação Por Tração

Afirmei que a intensidade elástica lateral de um corpo dinamoscópico é igual ao quociente da variação da deformação por contração lateral, inversa pela intensidade de força imprimida longitudinalmente ao corpo dinamoscópico. Simbolicamente, o referido enunciado é expresso pela seguinte relação:

$$a = \Delta C / \Delta F$$

Em capítulos anteriores demonstrei que a variação da intensidade de força imprimida longitudinalmente a um corpo dinamoscópico é igual ao quociente da variação de deformação por tração, inversa pelo coeficiente de deformação linear em produto com o comprimento inicial do corpo dinamoscópico em debate. O referido enunciado é expresso simbolicamente pela seguinte relação:

$$\Delta F = \Delta L / h \cdot L_0$$

Substituindo-se convenientemente as duas últimas expressões, obtém-se que:

$$a = (\Delta C / 1) / (\Delta L / h \cdot L_0)$$

Sabendo-se que os produtos dos meios são iguais ao produto dos extremos, conclui-se que:

$$a = \Delta C \cdot h \cdot L_0 / \Delta L$$

Ou de outro modo:

$$\Delta C = a \cdot \Delta L / h \cdot L_0$$

Isso permite afirmar que a variação da deformação por contração lateral é igual ao quociente da intensidade elástica lateral em produto com a variação da deformação por tração, inversa pelo coeficiente de deformação linear em produto com o comprimento inicial longitudinal do corpo dinamoscópico.

Logo depois, demonstrei que a variação da intensidade de força imprimida de um corpo dinamoscópico é igual ao quociente da variação de deformação por tração em produto com a área inicial da seção transversal, inversa pela característica dinamoscópica em produto com o comprimento inicial do corpo dinamoscópico considerado.

Simbolicamente, o referido enunciado é expresso pela seguinte relação:

$$\Delta F = \Delta L \cdot A_0/\eta \cdot L_0$$

Sabe-se que a variação do comprimento da seção transversal é igual à intensidade elástica lateral em produto com a variação da intensidade de força imprimida longitudinalmente ao corpo dinamoscópico.

O referido enunciado é expresso simbolicamente por:

$$\Delta C = a \cdot \Delta F$$

Substituindo-se convenientemente as duas últimas expressões, resulta que:

$$\Delta C = a \cdot \Delta L \cdot A_0/\eta \cdot L_0$$

Isso permite afirmar que a variação da contração lateral é igual ao quociente da intensidade elástica lateral em produto com a variação da deformação por tração multiplicada pela área inicial da seção transversal, inversa pela característica dinamoscópica em produto com o comprimento inicial do corpo dinamoscópico.

13. Relação Entre a Constante de Leandro e a Intensidade Elástica da Contração Lateral

Demonstrei que a constante de Leandro é igual ao quociente dia variação da deformação por contração lateral, inversa pela deformação linear por tração. Simbolicamente o referido enunciado é expresso pela seguinte relação:

$$\mu = \Delta C / \Delta t$$

Verificou-se ainda, que a intensidade elástica da contração é igual ao quociente da variação da deformação por contração lateral, inversa pela variação da intensidade de força aplicada longitudinalmente no processamento da deformação da seção longitudinal.

O referido enunciado é expresso simbolicamente pela seguinte relação:

$$a = \Delta C / \Delta F$$

A razão entre a constante de Leandro e a intensidade elástica da contração lateral, resulta que:

$$\mu / a = (\Delta C / \Delta L) / (\Delta C / \Delta F)$$

Sabendo-se que o produto dos meios é igual ao produto dos extremos, então, conclui-se que:

$$\mu / a = \Delta C \cdot \Delta F / \Delta C \cdot \Delta L$$

Eliminando-se os termos em evidência, resulta que:

$$\mu / a = \Delta F / \Delta L$$

Logo, conclui-se que a razão entre a constante de Leandro pela intensidade elástica lateral é igual ao quociente da variação da intensidade de força imprimida inversa pela variação da deformação linear por tração.

Porém, em capítulos anteriores, demonstrei que a constante de Hook é igual ao quociente da variação da intensidade de força imprimida no extremo da seção longitudinal inversa pela variação da deformação por tração.

Simbolicamente, o referido enunciado é expresso pela seguinte relação:

$$K = \Delta F/\Delta L$$

Onde a letra (K) representa simbolicamente a constante de Hook.

Então, substituindo convenientemente as duas últimas expressões, resulta que:

$$\mu/a = K$$

Ou:

$$a = \mu/K$$

Logo, conclui-se que a intensidade elástica da contração lateral é igual ao quociente da constante de Leandro, inversa pela constante de Hook.

Conclui-se daí que a intensidade elástica da contração lateral depende da natureza da deformação por tração e da deformação por contração lateral.

A demonstração de outra relação é verificada pelo seguinte enunciado:

"A constante de Hook é igual ao inverso da intensidade elástica".

Simbolicamente o referido enunciado é expresso pela seguinte relação:

$$K = 1/i$$

Então, substituindo convenientemente as duas últimas expressões, resulta que:

$$a = (\mu/1) / (1/i)$$

Sabendo-se que o produto dos meios é igual ao produto dos extremos, então resulta que:

$$a = \mu \cdot i$$

A referida relação matemática é enunciada nos seguintes termos:
"A intensidade elástica da contração lateral é igual a constante de Leandro em produto com a intensidade elástica linear da deformação por tração".

Isso vem a demonstrar que o princípio da similaridade entre as proporções é um fato real.

Para tanto observe que a variação da deformação por contração lateral é igual a constante de Leandro em produto com a variação da deformação por tração.

Simbolicamente o referido enunciado é expresso por:

$$\Delta C = \mu \cdot \Delta L$$

Mas, sabe-se que a variação da deformação por tração é igual à intensidade elástica linear em produto com a variação da intensidade de força imprimida longitudinalmente ao corpo dinamoscópico.

O referido enunciado é expresso simbolicamente por:

$$\Delta L = i \cdot \Delta F$$

Substituindo-se convenientemente as duas últimas expressões, obtém-se que:

$$\Delta C = \mu \cdot i \cdot \Delta F$$

Isso permite afirmar que a variação da deformação por contração lateral é igual a constante de Leandro em produto com a intensidade elástica linear multiplicada pela variação da intensidade de força imprimida longitudinalmente ao corpo dinamoscópico.

Porém, como se sabe a constante de Leandro (μ) e a intensidade elástica linear da deformação por tração, são constantes absolutas de um corpo dinamoscópico perfeitamente elástico em dadas condições; então o produto entre ambas resulta numa constante genérica que classifiquei como intensidade elástica da contração lateral.

Então com relação à última expressão, obtém-se que:

$$\Delta C = a \cdot \Delta F$$

A referida expressão é enunciada nos seguintes termos: "A variação da deformação por contração lateral é diretamente proporcional à intensidade de força imprimida no extremo da seção longitudinal". E assim está demonstrado o princípio da similaridade que tenho proposto em itens anteriores.

CAPÍTULO IV
Deformação Superficial

1. Introdução

Até o presente momento procurei analisar a contração lateral, apenas através de grandezas lineares; porém, no presente item vou procurar analisar as referidas deformações através de grandezas superficiais e volumétricas.

Então, quando se afixa uma das extremidades de um paralelepípedo reto-retângulo em um referencial inercial e na outra extremidade aplica-se uma dada intensidade de força, verificar-se-á o seguinte fenômeno:

As áreas retangulares sofrerão uma contração verificada através das arestas laterais paralelas a seção transversal; ao mesmo tempo em que sofre um alongamento, verificado pela deformação das arestas laterais, paralelas a seção longitudinal.

Logo, proponho no presente capítulo, estabelecer uma lei que traduza a variação da superfície; ou seja, uma lei que permita determinar apenas a área da superfície deformável longitudinalmente.

2. Equação Supercial

Considere uma superfície retangular por um material dinamoscópico homogêneo, uniformemente distribuído e perfeitamente elástico.

A matemática da geometria plana demonstra perfeitamente que a área de uma superfície retangular é igual ao produto entre a aresta transversal pela aresta longitudinal.

Simbolicamente, o referido enunciado é expresso por:

$$A = C \cdot L$$

Desse modo quando uma superfície elástica é submetida à ação de uma intensidade de força a variação da deformação da aresta transversal é igual à diferença entre o comprimento da referida aresta na ausência de forças impressas pelo comprimento que apresenta ao ser submetido a uma intensidade de força.

O referido enunciado é expresso simbolicamente por:

$$\Delta C = C_0 - C$$

Já a variação da aresta longitudinal no processamento da deformação por tração é igual à diferença entre o comprimento dessa aresta na presença de uma intensidade de força pelo comprimento que apresenta na ausência de forças aplicadas.

Simbolicamente o referido enunciado é expresso por:

$$\Delta L = L - L_0$$

Então, extrapolando os três resultados, conclui-se que a variação da área de uma superfície elástica é igual ao produto da variação da aresta transversal pela aresta longitudinal.

Simbolicamente, o referido enunciado é expresso por:

$$\Delta A = \Delta C \cdot \Delta L$$

Porém, sabe-se que a variação da aresta transversal é igual ao produto entre a intensidade elástica da contração lateral pela intensidade de força imprimida no corpo dinamoscópico em discussão.

O referido enunciado é expresso simbolicamente por:

$$\Delta C = a \cdot \Delta F_1$$

Demonstrei que a variação da aresta da seção longitudinal é igual ao produto entre a intensidade elástica da deformação por tração pela intensidade de força imprimida no corpo dinamoscópico em debate.

Simbolicamente, o referido enunciado é expresso por:

$$\Delta L = i \cdot \Delta F_2$$

Então, substituindo convenientemente as três últimas expressões, resulta que:

$$\Delta A = (a \cdot \Delta F_1) \cdot (i \cdot \Delta F_2)$$

$$\Delta A = a \cdot i \cdot \Delta F_1 \cdot \Delta F_2$$

Como a intensidade elástica da contração lateral e a intensidade elástica da deformação por tração são constantes de valores absolutos em dadas condições, então se pode substituí-las por uma constante genérica. Ou seja, o produto entre a intensidade elástica da contração lateral pela intensidade elástica da deformação por tração, tem como resultado uma constante de caráter genérico.

Simbolicamente, o referido enunciado é expresso por:

$$K = a \cdot i$$

Desse modo, substituindo convenientemente o referido enunciado na última expressão, resulta que:

$$\Delta A = K \cdot \Delta F_1 \cdot \Delta F_2$$

Como a variação da intensidade de força imprimida no corpo dinamoscópico é a mesma nos dois casos de deformação (tração e contração). Então, conclui-se que:

$$\Delta F_1 = \Delta F_2$$

Portanto, a variação da área deformada em uma superfície perfeitamente elástica é diretamente proporcional ao quadrado da variação da intensidade de força imprimida no processamento da referida deformação.

Simbolicamente o referido enunciado é expresso por:

$$\Delta A = K \cdot \Delta F^2$$

A referida relação exprime a área deformada de uma superfície elástica; seja ela uma face de uma figura espacial, seja ela a área de uma figura plana, como, por exemplo, uma lona elástica.

3. Gráfico da Variação Superficial na Deformação

Função linear do seguindo grau entre duas variáveis (X) e (Y) é a expressão $(Y = K \cdot X^2)$, onde (K) é uma constante. O gráfico desta função é uma parábola que passa pela origem (0).

A lei que permite calcular a variação superficial de uma lona elástica é expressa por:

$$\Delta A = K \cdot \Delta F^2$$

Tem-se uma função linear do segundo grau entre a deformação superficial e a intensidade de força imprimida (Y = A, $X^2 = F^2$ e K = K).

No seguinte diagrama, procuro apresentar o gráfico de (A) em função de (F^2). Pode-se observar que é uma parábola que passa pela origem.

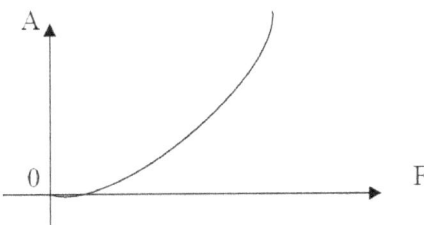

4. Característica da Lei de Deformação Superficial

Vou supor agora que um corpo dinamoscópico, como por exemplo, um paralelepípedo, seja submetido a uma única intensidade de força imprimida longitudinalmente ao referido corpo dinamoscópico.

Observar-se-á que o mesmo sofre uma contração lateral ao mesmo tempo em que sofre uma deformação por tração. Logo, conclui-se que a face em observação do referido corpo sofre uma variação em sua área.

Digo que a deformação dessa área é uniforme quando o corpo dinamoscópico for perfeitamente elástico; e, evidentemente a referida imposição implica que a relação existente entre as áreas resultantes no processo de deformação e os quadrados das intensidades de forças imprimidas for constante. Costumo também afirmar, de outra forma, que as áreas deformadas são diretamente proporcionais aos quadrados das intensidades de força imprimidas.

Simbolicamente, estou afirmando que:

$$\Delta A_1/\Delta F^2_1 = \Delta A_2/\Delta F^2_2 = ... = \Delta A_{n-1}/\Delta F^2_{n-1} = \Delta A_n/\Delta F^2_n \equiv \text{constante} \equiv K$$

A proporção, na verdade, indica que a "intensidade elástica superficial" média em qualquer trecho do processamento da deformação superficial é absolutamente constante.

Se eu levar ao limite, obterei que:

$$\lim_{\Delta F^2_1 \to 0} \Delta A_1/\Delta F^2_1 = K_1$$

$$\lim_{\Delta F^2_2 \to 0} \Delta A_2/\Delta F^2_2 = K_2$$

$$\lim_{\Delta F^2_n} \Delta A_n/\Delta F^2_n = K_n$$

Logo resulta que:

$$K_1 = K_2 = \ldots = K_n \equiv \text{constante}$$

Isso, portanto, vem a indicar que a mesma constante que é a intensidade elástica superficial média em qualquer trecho é também a intensidade elástica superficial instantânea em qualquer intensidade de força.

Costumo afirmar que essa constante é a característica que define a deformação superficial de um corpo dinamoscópico perfeitamente elástico.

5. Equação da Lei da Intensidade Elástica Superficial

Um corpo dinamoscópico se encontra numa deformação perfeitamente elástica quando sua intensidade elástica superficial escalar se mantém constante durante todo o processamento de sua deformação.

Desse modo, numa deformação superficial, pode-se concluir que:

a) Em qualquer estágio da deformação superficial, a intensidade elástica superficial escalar média do corpo dinamoscópico é a mesma.

b) Em qualquer ponto, a intensidade elástica superficial escalar instantânea do corpo dinamoscópico é a mesma e ainda igual à sua intensidade elástica superficial escalar média em qualquer estágio da deformação.

c) Em intensidades de forças iguais, o corpo dinamoscópico sofre deformações superficiais iguais.

Estudarei então, a deformação superficial perfeitamente elástica, considerando para tanto um corpo dinamoscópico qualquer. Considere as seguintes observações:

A) Ao se iniciar a deformação superficial, o corpo dinamoscópico não precisa necessariamente se encontrar no seu estado natural; ou seja, na total ausência de forças impressas. Com isso quero dizer que o corpo dinamoscópico pode estar previamente submetido a uma determinada intensidade de força e evidentemente apresentará uma determinada deformação superficial.

B) A finalidade do estudo que proponho é determinar a área que um corpo dinamoscópico apresentará em qualquer estágio da deformação do mesmo, com relação a certo estágio inicial.

Introduzirei então uma lei que permita determinar a área de um corpo dinamoscópico em cada intensidade de força (F).
Na aplicação da intensidade de força (F – F_0), o corpo dinamoscópico em debate sofre uma deformação superficial (A – A_0 = ΔA).
Da definição de intensidade elástica superficial, tem-se que (A) e (A + ΔA) suas deformações superficiais instantâneas nas intensidades de forças (F) e (F + ΔF), respectivamente. Então defino intensidade elástica superficial média (K_m) na intensidade de força (ΔF) pelo quociente:

$$K_m = \Delta A/\Delta F^2$$

Chama-se, por definição, intensidade elástica superficial escalar instantânea, em um ponto p qualquer da superfície, o limite da intensidade elástica superficial escalar média para (ΔF) tendendo a zero.

$$K_{(p)} = \lim_{\Delta F \to 0} K_m = \lim_{\Delta F \to 0} \Delta A/\Delta F^2$$

Porém, como nesse caso a intensidade elástica superficial escalar média se iguala à intensidade elástica superficial escalar instantânea ($K_m = K$), posso então escrever que:

$$K = \Delta A/\Delta F^2 = (A - A_0)/\Delta F^2$$

Portanto, resulta que:

$$A - A_0 = K \cdot \Delta F^2$$

Assim vem que:

$$A = A_0 + K \cdot \Delta F^2$$

Esta é a equação superficial, que possibilita determinar, em cada intensidade de força, o valor da área assumida pelo corpo dinamoscópico no processamento de sua deformação.

CAPÍTULO V
Deformação Volumétrica

1. Introdução

Ao se imprimir longitudinalmente uma intensidade de força em um corpo dinamoscópico perfeitamente elástica, cada uma das arestas, sejam elas transversais ou longitudinais, variam obedecendo as leis de contração e tração já demonstradas. Em consequência o volume deformável do corpo dinamoscópico sofre uma variação.

Então, no presente capítulo proponho a estabelecer uma lei matemática que traduza a variação do volume deformado de um corpo dinamoscópico perfeitamente elástica.

2. Equação Volumétrica

Para tanto, considere que o corpo dinamoscópico seja constituindo pela figura geométrica de um paralelepípedo retângulo, que é um prisma reto cujas bases são retângulos.

Como se sabe, o volume de um paralelepípedo retângulo é igual ao produto existente entre as suas três dimensões, ou seja:

$$V = C_1 \cdot C_2 \cdot L$$

Desse modo, o volume do referido paralelepípedo é igual ao comprimento da aresta da base em produto com a largura da aresta da base multiplicada com a altura da aresta longitudinal.

Assim, quando um volume é submetido à ação de uma intensidade de força imprimida longitudinalmente, a variação da deformação por contração da aresta transversal é igual à diferença entre o comprimento da referida aresta na ausência da intensidade de força pelo comprimento que apresenta ao ser submetido a uma intensidade de força imprimida longitudinalmente.

A largura e a espessura são elementos da seção transversal que obedecem a referida lei.

Simbolicamente o referido enunciado é expresso por:

$$\Delta C = C_0 - C$$

Já a variação da aresta longitudinal no processamento da deformação por tração é igual à diferença entre o comprimento dessa aresta na presença de uma intensidade de força pelo comprimento que apresenta na ausência de forças impressas no corpo dinamoscópico considerado.

O referido enunciado é expresso simbolicamente por:

$$\Delta L = L - L_0$$

Então, torna-se evidente que a variação do volume de um paralelepípedo retângulo perfeitamente elástico é igual ao produto entre a variação da contração lateral da espessura pela variação da deformação por tração presente na seção longitudinal.

Simbolicamente o referido enunciado expressa o volume deformado por:

$$\Delta V = \Delta C_1 . \Delta C_2 . \Delta L$$

Sabe-se que a variação do comprimento da deformação das arestas transversais é igual ao produto entre a intensidade elástica da contração pela intensidade da força imprimida longitudinalmente.

O referido enunciado é expresso simbolicamente por:

$$\Delta C = a . \Delta F$$

Demonstrei que a variação da aresta da seção longitudinal é igual ao produto entre a intensidade elástica da tração pela intensidade da força imprimida no processamento da deformação por tração.

Simbolicamente o referido enunciado é expresso por:

$$\Delta L = i \cdot \Delta F$$

Então, substituindo convenientemente estas leis na seguinte expressão: $(\Delta V = \Delta C_1 \cdot \Delta C_2 \cdot \Delta L)$; então resulta que:

a) $\Delta C_1 = a_1 \cdot \Delta F_1$
b) $\Delta C_2 = a_2 \cdot \Delta F_2$
c) $\Delta L = i \cdot \Delta F_3$

Logo, conclui-se que:

$$\Delta V = (a_1 \cdot \Delta F_1) \cdot (a_2 \cdot \Delta F_2) \cdot (i \cdot \Delta F_3)$$

$$\Delta V = a_1 \cdot a_2 \cdot i \cdot \Delta F_1 \cdot \Delta F_2 \cdot \Delta F_3$$

Como a intensidade elástica da contração da espessura; a intensidade elástica da contração da largura e a intensidade elástica linear da deformação por tração são constantes de valores absolutos em dadas condições, então, o produto entre ambas pode ser substituído por uma constante de caráter genérica.

Ou melhor, o produto entre a intensidade elástica da contração da espessura pela intensidade elástica da contração da largura multiplicada pela intensidade elástica da atração, tem como resultado uma constante genérica.

Simbolicamente o referido enunciado é expresso por:

$$\alpha = a_1 \cdot a_2 \cdot i$$

Assim, substituindo convenientemente as duas últimas expressões, resulta que:

$$\Delta V = \alpha . \Delta F_1 . \Delta F_2 . \Delta F_3$$

Como a variação da intensidade da força imprimida longitudinalmente ao corpo dinamoscópico é a mesma nos três casos das deformações em debate, então, conclui-se que: ($\Delta F_1 = \Delta F_2 = \Delta F_3$). Portanto, a variação do volume deformado de um corpo dinamoscópico perfeitamente elástico é diretamente proporcional a terceira potência da intensidade de força imprimida no processamento da deformação.

Simbolicamente o referido enunciado é expresso por:

$$\Delta V = \alpha . \Delta F^3$$

Esta é a relação que exprime o volume deformado de um corpo dinamoscópico perfeitamente elástico.

3. Intensidade Elástica Volumétrica

Conside um corpo dinamoscópico perfeitamente elástico, com a forma de um paralelepípedo, submetido a uma intensidade de força imprimida longitudinalmente ao referido corpo dinamoscópico.

Verificar-se-á que o referido corpo sofre uma deformação por contração lateral ao mesmo tempo em que sofre uma deformação por tração. Assim, posso afirmar que o referido corpo sofre uma variação em seu volume.

Torno a afirmar que a referida deformação será perfeitamente uniforme; quando o corpo dinamoscópico for perfeitamente elástico; e, logicamente, a dita imposição implica que a relação existente entre os volumes resultantes no processo de deformação e os cubos das intensidades de forças imprimidas for absolutamente constante. Costumo muitas vezes dizer que os volumes deformados são diretamente proporcionais aos cubos das intensidades das forças imprimidas.

Em termos simbólicos, estou simplesmente afirmando que:

$$\Delta V_1/\Delta F^3{}_1 = \Delta V_2/\Delta F^3{}_2 = ... = \Delta V_{n-1}/\Delta F^3{}_{n-1} = \Delta V_n/\Delta F^3{}_n \equiv \text{constate} \equiv K$$

Essa proporção, na realidade, vem a indicar que a "intensidade elástica volumétrica" média em qualquer trecho do processamento da deformação volumétrica é absolutamente constante.

Ao levar ao limite, obterei que:

$$\lim_{\Delta F^3{}_1 \to 0} \Delta V_1/\Delta F^3{}_1 = \alpha_1$$

$$\lim_{\Delta F^3{}_2 \to 0} \Delta V_2/\Delta F^3{}_2 = \alpha_2$$

$$\lim_{\Delta F^3{}_n \to 0} \Delta V_n/\Delta F^3{}_n = \alpha_n$$

Assim, posso concluir que:

$$\alpha_1 = \alpha_2 = ... = \alpha_n \equiv \text{constante}$$

Isso, portanto, vem a mostrar que a mesma constante que é a intensidade elástica volumétrica média em qualquer trecho é também a intensidade elástica volumétrica instantânea em qualquer intensidade de força imprimida.

Muitas vezes costumo dizer que essa constante é a característica fundamental que define a deformação volumétrica de um corpo dinamoscópico elástico.

4. Equação da Lei da Intensidade Elástica Volumétrica

Um corpo dinamoscópico se encontra em processamento de uma deformação volumétrica perfeitamente elástica quando sua intensidade elástica volumétrica escalar se mantém constante durante todo o processamento de sua deformação. Desse modo, posso estabelecer as seguintes conclusões:

a) Em qualquer estágio da deformação volumétrica, a intensidade elástica volumétrica escalar média permanece absolutamente constante.

b) Em qualquer ponto, a intensidade elástica volumétrica escalar instantânea do corpo dinamoscópico é a mesma e ainda igual à sua intensidade elástica volumétrica escalar média em qualquer estágio da deformação.

c) Em intensidades iguais de forças ao cubo, o corpo dinamoscópico sofre deformações volumétricas iguais.

Então, para essa deformação, vou considerar duas equações, uma que relaciona a intensidade elástica volumétrica com o cubo da intensidade de força imprimida longitudinalmente ao corpo dinamoscópico e outra que relaciona o volume com o cubo da intensidade de força imprimida.

A equação da intensidade elástica volumétrica implica que a mesma é constate; ou seja, apresenta sempre o mesmo valor. Logo, sua equação é do tipo:

$$\alpha = \text{constante}$$

Procurei definir a intensidade elástica volumétrica da seguinte maneira: Sejam, então, (α) e $(\alpha + \Delta\alpha)$ suas intensidades elásticas instantâneas nas intensidades de força (F^3) e $(F^2 + \Delta F^2)$, respectivamente. Define-se intensidade elástica volumétrica escalar média (α_m) na intensidade de força (ΔF) pelo quociente:

$$\alpha_m = \Delta V / \Delta F^3$$

Logo, conclui-se que a intensidade elástica volumétrica média é igual ao quociente da variação do volume deformado, inverso pelo cubo da variação da intensidade de força.

Porém, a variação de volume do corpo dinamoscópico é igual ao volume total que apresenta ao ser submetido à ação de uma intensidade de força pela diferença do volume do referido corpo quando o mesmo está na ausência de forças imprimidas. Simbolicamente, o referido enunciado é expresso por:

$$\Delta V = V - V_0$$

Quando um corpo dinamoscópico apresenta um volume inicial a intensidade de força aplicada sobre ele é nula. Então, isso permite afirmar que a variação da intensidade de força é diretamente igual à intensidade de força aplicada longitudinalmente ao corpo dinamoscópico.

O referido enunciado é expresso simbolicamente pela seguinte igualdade:

$$\Delta F^3 = F^3 - 0 = F^3$$

Assim, substituindo convenientemente as três últimas expressões, resulta que:

$$\alpha_m = (V - V_0)/F^3$$

Porém, demonstrei que a intensidade elástica volumétrica escalar média se iguala à intensidade elástica volumétrica instantânea ($\alpha_m = \alpha$), posso escrever que:

$$\alpha = (V - V_0)/F^3$$

Portanto, resulta que:

$$V - V_0 = \alpha \cdot F^3$$

Assim, conclui-se que:

$$V = V_0 + \alpha \cdot F^3$$

Esta é a equação que traduz o volume total de um corpo dinamoscópico na presença ou na ausência de uma intensidade de força. Ela possibilita determinar, em cada intensidade de força (F^3), o volume do corpo dinamoscópico, com relação a uma origem nula.

5. Densidade Superficial

Suponha uma massa (M) de um corpo dinamoscópico perfeitamente elástico. Considere então que os volumes apresentados pela massa a uma intensidade de força nula ($F = 0$) e a uma intensidade de força qualquer ($F \neq 0$), sejam respectivamente (S_0) e (S); além dessas grandezas, seja (K) a intensidade elástica superficial. Designando por (μ_0) e (μ) as densidades, respectivamente a ($F = 0$) e (F), posso escrever, fundamentado na noção de densidade superficial que:

a) $F = 0 \rightarrow \mu_0 = M/S_0$

Isso permite afirmar que quando a intensidade de força for nula, o corpo dinamoscópico apresenta uma densidade superficial (μ_0) igual à massa desse corpo, inversa pela superfície inicial que o mesmo apresenta.

b) $F \to \mu = M/S$

Logo isso permite concluir que a uma intensidade qualquer de força a densidade superficial é igual ao quociente da massa desse corpo, inversa pela superfície que o mesmo passa a apresentar numa dada intensidade de força.

Porém, demonstrei que a superfície adquirida por um corpo dinamoscópico é expressa por:

$$S = S_0 + K \cdot F^2$$

Isso permite escrever que:

$$S = S_0 \cdot [1 + (1/S_0) \cdot K \cdot F^2]$$

Portanto, resulta que:

$$S_0/S = 1/[1 + (1/S_0) \cdot K \cdot F^2]$$

Dividindo as expressões b por a, tem-se:

$$S_0/S = \mu/\mu_0$$

Então, substituindo convenientemente as duas últimas expressões, resulta que:

$$\mu/\mu_0 = 1/[1 + (K \cdot F^2/S_0)]$$

Isso possibilita escrever que:

$$\mu = \mu_0/[1 + (K \cdot F^2/S_0)]$$

Então posso afirmar que a densidade superficial de um corpo dinamoscópico perfeitamente elástico é igual ao quociente de sua densidade superficial inicial, quando a intensidade de força é nula inversa pelo coeficiente numérico "1" adicionado com a intensidade elástica superficial em produto com o quadrado da intensidade de força que por sua vez é inversa à superfície inicial quando a intensidade de força é nula.

Porém, costumo considerar o termo $(1 + K \cdot F2/S_0)$ pela denominação de binômio de Leandro. Assim, posso dizer que a densidade varia com o binômio de Leandro seguindo proporção inversa.

Pode-se chegar a uma nova expressão para a densidade superficial, considerando as mesmas expressões:

$$S = S_0 + K \cdot F^2$$

Porém, afirmei que:

$a_1) \ S = M/\mu$

$b_1) \ S_0 = M/\mu_0$

Então, substituindo convenientemente as três últimas expressões, resulta que:

$$M/\mu = (M/\mu_0) + K \cdot F^2$$

Logo, resulta na seguinte:

$$(M/\mu) - (M/\mu_0) = K \cdot F^2$$

Assim, conclui-se que:

$$M \cdot [(1/\mu) - (1/\mu_0)] = K \cdot F^2$$

Dividindo ambos os termos pela massa (M), resulta:

$$(1/\mu) - (1/\mu_0) = K \cdot F^2/M$$

Porém:

$$1/\Delta\mu = (1/\mu) - (1/\mu_0) = K \cdot F^2/M$$

Logo resulta que:

$$1/\Delta\mu = K \cdot F^2/M$$

Portanto, posso concluir que:

$$\Delta\mu = M/K \cdot F^2$$

Porém, sabe-se que:

$$\Delta\mu = \mu - \mu_0$$

Então, substituindo convenientemente as duas últimas expressões, resulta que:

$$\mu - \mu_0 = M/K \cdot F^2$$

Assim, vem que:

$$\mu = \mu_0 + (M/K \cdot F^2)$$

Isso permite afirmar que a densidade superficial de um corpo dinamoscópico perfeitamente elástico é igual a sua densidade superficial inicial adicionada com o quociente de sua massa, inversa pela intensidade elástica superficial multiplicada pelo quadrado da intensidade de força imprimida.

6. Densidade Volumétrica

Os mesmos argumentos que se aplicam na determinação da densidade superficial, se aplicam perfeitamente na determinação da densidade volumétrica.

Então, considere um corpo dinamoscópico perfeitamente elástico de massa (M). Suponha então que os volumes que caracteriza a massa a uma intensidade de força nula ($F = 0$) e a uma intensidade de força diferente de zero ($F \neq 0$), seja respectivamente (V_0) e (V); além de considerar as referidas grandezas, seja (α) a intensidade elástica volumétrica. Designarei por (f_0) e (f) as densidades volumétricas, respectivamente a ($F = 0$) e ($F \neq 0$). Então, fundamentado na noção de densidade volumétrica que:

a) $F = 0 \rightarrow f_0 = M/V_0$

b) $F \neq 0 \rightarrow f = M/V$

Em itens anteriores demonstrei que o volume adquirido por um corpo dinamoscópico perfeitamente elástico é expresso por:

$$V = V_0 + \alpha . F^3$$

Isso permite escrever que:

$$V = V_0 . [1 + (\alpha . F^3/V_0)]$$

Então posso escrever que:

$$V_0/V = 1/[1 + (\alpha . F^3/V_0)]$$

Dividindo convenientemente, as expressões (b) por (a), obtém-se que:

$$V_0/V = f/f_0$$

Logo, substituindo convenientemente as duas últimas expressões, obtém-se que:

$$f/f_0 = 1/[1 + (\alpha \cdot F^3/V_0)]$$

Ou seja:

$$f = f_0/[1 + (\alpha \cdot F^3/V_0)]$$

Costumo considerar o termo $[1 + (\alpha \cdot F^3/V_0)]$, pela denominação de binômio de Leandro. Então, conclui-se que a densidade volumétrica é igual ao quociente da densidade volumétrica inicial quando $(F = 0)$ inversa pelo binômio de Leandro.

Na última expressão, a densidade volumétrica é caracterizada pelo volume inicial do corpo dinamoscópico na ausência total de forças externas. Por esse motivo vou procurar estabelecer uma nova expressão que traduza a densidade volumétrica, caracterizada pela massa do corpo dinamoscópico em debate.
Demonstrei que:

a_1) $V = V_0 + \alpha \cdot F^3$

b_1) $V = M/f$

c_1) $V_0 = M/f_0$

Logo, substituindo convenientemente as três últimas expressões, resulta que:

$$M/f = (M/f_0) + \alpha \cdot F^3$$

Então, posso escrever que:

$$(M/f) - (M/f_0) = \alpha . F^3$$

Assim, vem que:

$$M . [(1/f) - (1/f_0)] = \alpha . F^3$$

Dividindo ambos os termos pela massa (M), resulta que:

$$(1/f) - (1/f_0) = \alpha . F^3/M$$

Porém, o inverso da variação da densidade volumétrica, permite escrever que:

$$1/\Delta f = (1/f) - (1/f_0)$$

Desse modo, substituindo convenientemente as duas últimas expressões, resulta que:

$$1/\Delta f = \alpha . F^3/M$$

Então, vem que:

$$\Delta f = M/\alpha . F^3$$

Porém, a variação da densidade volumétrica é igual à densidade total do corpo dinamoscópico submetido a uma intensidade de força pela diferença da densidade inicial quando o corpo dinamoscópico encontra-se na total ausência de forças externas aplicadas.
Simbolicamente o referido enunciado é expresso por:

$$\Delta f = f - f_0$$

Substituindo convenientemente as duas últimas expressões, resulta que:

$$f - f_0 = M/\alpha \cdot F^3$$

Então, vem que:

$$f = f_0 + (M/\alpha \cdot F^3)$$

Isso permite afirmar que a densidade volumétrica de um corpo dinamoscópico perfeitamente elástico é igual a sua densidade volumétrica inicial adicionada com o quociente da massa desse corpo, inversa pela intensidade elástica volumétrica em produto com o cubo da intensidade de força aplicada sobre a seção longitudinal do corpo dinamoscópico.

7. Área de Uma Superfície Elástica

As leis deduzidas anteriormente dão apenas a variação da deformação, por isso mesmo usando o que foi visto e analisando no presente item, pretenderei chegar a uma expressão com a qual se pode obter a área de um corpo dinamoscópico submetido a ação de uma intensidade de força qualquer. Para isso, vou partir das definições de grandezas dinamoscópicas.

Demonstrei nesta teoria que a variação da aresta da seção longitudinal de uma superfície elástica é igual a deformação por tração na presença de uma intensidade de força pela diferença do comprimento inicial do referido corpo dinamoscópico.

Simbolicamente, o referido enunciado é expresso por:

$$\Delta L = L - L_0$$

Portanto, conclui-se que o comprimento total da seção longitudinal é igual à soma entre a variação da deformação com o comprimento inicial do corpo dinamoscópico na ausência de forças.

O referido enunciado é expresso simbolicamente por:

$$L = L_0 + \Delta L$$

Demonstrei ainda que a variação da aresta da seção transversal de uma superfície elástica é igual ao comprimento inicial dessa aresta na ausência de forças imprimidas pela diferença do comprimento dessa aresta na presença de uma intensidade de força.

Simbolicamente, o referido enunciado é expresso por:

$$\Delta C = C_0 - C$$

Logo, conclui-se que o comprimento da aresta da seção transversal em qualquer intensidade de força é igual ao comprimento inicial da aresta de seção transversal pela diferença da variação do comprimento dessa aresta.

O referido enunciado é expresso simbolicamente por:

$$C = C_0 - \Delta C$$

Quando se imprime longitudinalmente uma intensidade de força numa superfície elástica, sua aresta transversal varia simultaneamente com a variação da deformação da aresta longitudinal.

Então, pode-se concluir que a área da superfície elástica varia.

Demonstra-se que a área de uma superfície é igual ao produto entre o comprimento da seção longitudinal pela seção transversal.

Simbolicamente, o referido enunciado é expresso por:

$$A = L \cdot C$$

Então, conclui-se que:

$$C = C_0 - \Delta C$$

$$L = L_0 - \Delta L$$

O produto entre essas duas grandezas, resulta que:

$$C \cdot L = (C_0 - \Delta C) \cdot (L_0 + \Delta L)$$

Porém, como $(A = C \cdot L)$, resulta que:

$$A = (C_0 - \Delta C) \cdot (L_0 + \Delta L)$$

Desenvolvendo a referida expressão, resulta que:

$$A = C_0 \cdot L_0 + C_0 \cdot \Delta L - \Delta C \cdot L_0 - \Delta C \cdot \Delta L$$

Como os símbolos ($C_0 \cdot L_0$) são os comprimentos iniciais das seções; então isto implica que o produto entre ambos os termos resulta na área inicial da superfície elástica. Simbolicamente, o referido enunciado é expresso por:

$$A_0 = C_0 \cdot L_0$$

Substituindo convenientemente as duas últimas expressões, resulta que:

$$A = A_0 + C_0 \cdot \Delta L - \Delta C \cdot L_0 - \Delta C \cdot \Delta L$$

Como os termos ($\Delta C \cdot \Delta L$) são os comprimentos deformadores das seções transversal e longitudinal, respectivamente, então se conclui que o produto entre ambos termos resulta na variação da área da superfície elástica.

Assim, posso afirmar que a variação da área de uma superfície elástica é igual à variação da aresta de seção transversal em produto com a variação da aresta de seção longitudinal.

Simbolicamente, o referido enunciado é expresso por:

$$\Delta A = \Delta C \cdot \Delta L$$

Substituindo convenientemente as duas últimas expressões, resulta que:

$$A = A_0 + C_0 \cdot \Delta L - \Delta C \cdot L_0 - \Delta A$$

Como a variação da deformação por tração (ΔL) é igual ao produto entre a intensidade elástica da deformação por tração pela intensidade de força imprimida no sistema dinamoscópico considerado.

O referido enunciado é expresso simbolicamente pela seguinte equação:

$$\Delta L = i \cdot \Delta F$$

Substituindo convenientemente as duas últimas expressões, resulta que:

$$A = A_0 + C_0 \cdot i \cdot \Delta F - L_0 \cdot \Delta C - \Delta A$$

Demonstrei que a variação da deformação por contração lateral é igual ao produto entre a intensidade elástica da contração lateral pela intensidade de força imprimida no sistema dinamoscópico.

Simbolicamente, o referido enunciado é expresso por:

$$\Delta C = a \cdot \Delta F$$

Substituindo convenientemente as duas últimas expressões, resulta que:

$$A = A_0 + C_0 \cdot i \cdot \Delta F - L_0 \cdot a \cdot \Delta F - \Delta A$$

Afirmei em parágrafos anteriores que a variação da área de uma superfície elástica é igual à intensidade elástica superficial multiplicada pela segunda potência da intensidade de força imprimida no referido sistema.
O referido enunciado é expresso simbolicamente por:

$$\Delta A = K \cdot \Delta F^2$$

Então, substituindo convenientemente as duas últimas expressões, resulta que:

$$A = A_0 + C_0 \cdot i \cdot \Delta F - L_0 \cdot a \cdot \Delta F - K \cdot \Delta F^2$$

Demonstrei que a intensidade elástica superficial é igual ao produto entre a intensidade elástica da tração pela intensidade elástica da contração lateral.
Simbolicamente, o referido enunciado é expresso por:

$$K = a \cdot i$$

Substituindo convenientemente as duas últimas expressões, resulta que:

$$A = A_0 + C_0 \cdot i \cdot \Delta F - L_0 \cdot a \cdot \Delta F - a \cdot i \cdot \Delta F^2$$

Nesta expressão, a intensidade de força é um fator comum, então simplificando, resulta que:

$$A = A_0 + \Delta F \cdot (C_0 \cdot i - L_0 \cdot a - a \cdot i \cdot \Delta F)$$

Dentro dos parênteses, a intensidade elástica da deformação por tração, constitui um fator comum. Então resulta que:

$$A = A_0 + \Delta F \cdot i \cdot [C_0 - (L_0 \cdot a/i) - a \cdot \Delta F]$$

Ou seja:

$$A = A_0 + \Delta F \cdot i \cdot [C_0 - a \cdot \Delta F - (L_0 \cdot a/i)]$$

Pode-se observar que a intensidade elástica da deformação por contração lateral, constitui um fator comum, então simplificando, resulta que:

$$A = A_0 + \Delta F \cdot i \cdot a \cdot [(C_0/a) - \Delta F - (L_0/i)]$$

$$A = A_0 + (C_0 \cdot i - L_0 \cdot a - a \cdot i \cdot \Delta F) \cdot \Delta F$$

Estas duas equações traduzem o estado da área de uma superfície perfeitamente elástica.

8. Densidade Superficial

Densidade superficial é a relação existente entre a massa (M) do corpo dinamoscópico e a superfície (A) que apresenta. Simbolicamente, o referido enunciado é expresso por:

$$\mu_0 = M/A$$

Quando se aumenta linearmente a massa de um corpo dinamoscópico, sua superfície também aumenta linearmente de tal forma que a razão entre ambos os termos permanece constante. E essa constante é a própria densidade superficial.

Porém, quando um corpo dinamoscópico é submetido a uma deformação, ocorre uma variação na medida da área da superfície elástica, sem que ocorra um aumento na massa do referido corpo dinamoscópico. Com isso conclui-se que a densidade superficial varia com a deformação do corpo dinamoscópico.

Para analisar o referido fenômeno considere um corpo dinamoscópico perfeitamente elástico de massa (M) em total ausência de intensidades de forças imprimidas (F = 0); apresentando, portanto uma área inicial A_0 e uma densidade inicial (μ_0).

Finalmente para se determinar a densidade (μ) do corpo dinamoscópico submetido à ação de uma intensidade de força qualquer, basta verificar que:

Da equação da deformação da área, tem-se:

(I) $A = A_0 + (C_0 . i - L_0 . a - a . i . \Delta F) . \Delta F$

Sabe-se que:

(II) $\mu_0 = M/A_0$ ou $A_0 = M/\mu_0$ e que $A = M/\mu$ ou $\mu = M/A$

Substituindo convenientemente (II) em (I) vem que:

$M/\mu = M/\mu_0 + (C_0 . i - L_0 . a - a . i . \Delta F) . \Delta F$

Eliminando os termos em evidência, resulta que:

$\mu = \mu_0/[1 + (C_0 . i - L_0 . a - a . i . \Delta F) . \Delta F]$

A referida equação é aquela que expressa a densidade superficial de um corpo dinamoscópico perfeitamente elástico em qualquer estágio de intensidade de força imprimida no processamento a deformação.

9. Volume de um Corpo Elástico

No presente capítulo, as leis anteriores expressam apenas a deformação originada no volume do corpo dinamoscópico e, por isso mesmo usando o que foi observado e estudado nos itens anteriores, pretenderei chegar a uma equação matemática com a qual se pode obter o volume resultante em um corpo dinamoscópico submetido à ação de uma intensidade de força qualquer. Para essa façanha, vou partir das definições de grandezas dinamoscópicas.

Demonstrei que a variação das arestas de uma seção longitudinal é igual à deformação que resulta da ação de uma intensidade de força pela diferença do comprimento inicial. Tal grandeza é expressa simbolicamente por:

$$\Delta L = L - L_0$$

Portanto, conclui-se que o comprimento total da seção longitudinal é igual à soma entre o comprimento inicial do corpo dinamoscópico com a variação de deformação que o referido corpo dinamoscópico sofre.

Simbolicamente, o referido enunciado é expresso por:

$$L = L_0 + \Delta L$$

Sabe-se também que a variação das arestas da seção transversal de um corpo dinamoscópico perfeitamente elástico é igual ao comprimento dessas arestas na ausência de forças pela diferença do comprimento dessas arestas na presença de uma intensidade de força.

A referida grandeza é expressa simbolicamente por:

$$\Delta C = C_0 - C$$

Disso, conclui-se que o comprimento total da aresta da seção transversal em qualquer intensidade de força é igual ao comprimento inicial da referida aresta quando a mesma encontra-se na total ausência de forças externas impressas pela diferença da variação do comprimento dessa aresta. A diferença é empregada na referida definição, porque a seção transversal diminui de comprimento na contração lateral ao ser submetida à ação de uma intensidade de força.

Simbolicamente, o último enunciado é expresso por:

$$C = C_0 - \Delta C$$

Considere um corpo dinamoscópico perfeitamente elástico afixado por meio de uma de suas extremidades a um referencial inercial. Considere ainda que a forma do corpo dinamoscópico em questão seja um paralelepípedo retangulo.

Quando se imprime longitudinalmente uma intensidade de força no extremo livre do corpo dinamoscópico considerado, ele passa a sofrer uma deformação por tração e uma contração lateral oriunda de todas as arestas do corpo dinamoscópico paralelepípedo retangular. Como o volume depende do comprimento dessas arestas e, sabendo-se que elas variam no processamento da deformação; então, pode-se concluir que o volume sofre variações no processamento das deformações a que são submetidos os corpos dinamoscópicos em geral.

Sabe-se pela geometria Euclidiana que o volume de um corpo cuja forma é a de um paralelepípedo retangular é igual ao produto entre a largura da seção transversal pela espessura da referida seção pela altura da seção longitudinal.

O referido enunciado é expresso simbolicamente por:

$$V = C_1 \cdot C_2 \cdot L$$

Portanto, chega-se à conclusão que:

a) $C_1 = C_{01} - \Delta C_1 \rightarrow$ corresponde à largura da seção transversal.
b) $C_2 = C_{02} - \Delta C_2 \rightarrow$ corresponde à espessura da seção transversal.
c) $L = L_0 + \Delta L \rightarrow$ corresponde à altura da seção longitudinal.

O produto entre ambos os termos, resulta que:

$$C_1 . C_2 . L = (C_{01} - \Delta C_1) . (C_{02} - \Delta C_2) . (L_0 + \Delta L)$$

Como o volume é igual ao produto entre as suas três dimensões, vem que:

$$V = C_1 . C_2 . L$$

Então, substituindo convenientemente as duas últimas expressões, resulta que:

$$V = (C_{01} - \Delta C_1) . (C_{02} - \Delta C_2) . (L_0 + \Delta L)$$

Desenvolvendo a referida expressão, obtém-se que:

$$V = (C_{01} . C_{02} - C_{01} . \Delta C_2 - \Delta C_1 . C_{02} + \Delta C_1 . \Delta C_2) . (L_0 + \Delta L)$$

$V = (C_{01} . C_{02} . L_0 - C_{01} . \Delta C_2 . L_0 - \Delta C_1 . C_{02} . L_0 + \Delta C_1 . \Delta C_2 . L_0 + C_{01} . C_{02} . \Delta L - C_{01} . \Delta C_2 . \Delta L - \Delta C_1 . C_{02} . \Delta L + \Delta C_1 . \Delta C_2 . \Delta L)$

Como as grandezas ($C_{01} . C_{02} . L_0$) representam os comprimentos iniciais das três dimensões que constituem o volume; então, posso concluir que o produto entre ambos os termos resulta no volume inicial do corpo dinamoscópico.

Simbolicamente, o referido enunciado é expresso por:

$$V_0 = C_{01} . C_{02} . L_0$$

Substituindo convenientemente as duas últimas expressões, resulta que:

$$V = (V_0 - C_{01} \cdot \Delta C_2 \cdot L_0 - \Delta C_1 \cdot C_{02} \cdot L_0 + \Delta C_1 \cdot \Delta C_2 \cdot L_0 + C_{01} \cdot C_{02} \cdot \Delta L - C_{01} \cdot \Delta C_2 \cdot \Delta L - \Delta C_1 \cdot C_{02} \cdot \Delta L + \Delta C_1 \cdot \Delta C_2 \cdot \Delta L)$$

As grandezas ($\Delta C_1 \cdot \Delta C_2 \cdot \Delta L$), corresponde as variações das deformações das arestas do corpo dinamoscópico, então conclui-se que o produto entre ambos os termos resulta na variação do volume de um corpo dinamoscópico perfeitamente elástico.

Simbolicamente, o referido enunciado é expresso por:

$$\Delta V = \Delta C_1 \cdot \Delta C_2 \cdot \Delta L$$

Então, substituindo convenientemente as duas últimas expressões, resulta que:

$$V = (V_0 - C_{01} \cdot \Delta C_2 \cdot L_0 - \Delta C_1 \cdot C_{02} \cdot L_0 + \Delta C_1 \cdot \Delta C_2 \cdot L_0 + C_{01} \cdot C_{02} \cdot \Delta L - C_{01} \cdot \Delta C_2 \cdot \Delta L - \Delta C_1 \cdot C_{02} \cdot \Delta L + \Delta V)$$

Sabe-se que a variação da deformação da contração lateral da seção transversal (ΔC) é igual ao produto entre a intensidade elástica da referida contração pela intensidade de força imprimida no sistema dinamoscópico discutido.

O referido enunciado é expresso simbolicamente pela seguinte equação de Leandro:

$$\Delta C = a \cdot \Delta F$$

Então, substituindo convenientemente as duas últimas expressões, resulta que:

Leandro Bertoldo
Elasticidade – Vol. III – Contração Elástica

$V = V_0 - C_{01}.L_0.a_2.\Delta F - C_{02}.L_0.a_1.\Delta F + a_2.a_1.\Delta F^2.L_0 + C_{01}.C_{02}.\Delta L - C_{01}.\Delta L.a_2.\Delta F - \Delta L.C_{02}.a_1.\Delta F + \Delta V$

Demonstrei que a variação da deformação linear por tração da seção longitudinal (ΔL) é igual ao produto entre a intensidade elástica da deformação por tração pela intensidade de força imprimida no sistema dinamoscópico considerado.
O referido enunciado é expresso simbolicamente pela seguinte equação de Leandro:

$$\Delta L = i.\Delta F$$

Logo, substituindo convenientemente as duas últimas expressões, resulta que:

$V = V_0 - C_{01}.L_0.a_2.\Delta F - C_{02}.L_0.a_1.\Delta F + a_2.a_1.\Delta F^2.L_0 + C_{01}.C_{02}.i.\Delta F - C_{01}.a_2.i.\Delta F^2 - C_{02}.a_1.i.\Delta F^2 + \Delta V$

Demonstrei que a variação do volume de um corpo dinamoscópico perfeitamente elástico é igual à intensidade elástica volumétrica em produto com a terceira potência da intensidade de força imprimida no sistema dinamoscópico considerado.
Simbolicamente, o referido enunciado é expresso pela seguinte equação de Leandro:

$$\Delta V = K.\Delta F^3$$

Então, substituindo convenientemente as duas últimas expressões, resulta que:

$V = V_0 - C_{01}.L_0.a_2.\Delta F - C_{02}.L_0.a_1.\Delta F + a_2.a_1.\Delta F^2.L_0 + C_{01}.C_{02}.i.\Delta F - C_{01}.a_2.i.\Delta F^2 - C_{02}.a_1.i.\Delta F^2 + K.\Delta F^3$

Na referida expressão, a intensidade de força é um fator comum; então, colocando-a em evidência, resulta que:

$$V = V_0 - (C_{01} . L_0 . a_2 - C_{02} . L_0 . a_1 + a_2 . a_1 . \Delta F . L_0 + C_{01} . C_{02} . i - C_{01} . a_2 . i . \Delta F - C_{02} . a_1 . i . \Delta F + K . \Delta F^2) . \Delta F$$

Sabe-se que as grandezas $(C_{01} . L_0)$ corresponde ao comprimento inicial da seção transversal inicial e a altura inicial da seção longitudinal; então conclui-se que o produto entre ambos os termos resulta na largura da área inicial da seção longitudinal do corpo dinamoscópico.

Simbolicamente, o referido enunciado é expresso por:

$$A_{01} = C_{01} . L_0$$

Logo, substituindo convenientemente as duas últimas expressões, resulta que:

$$V = V_0 - (A_{01} . a_2 - C_{02} . L_0 . a_1 + a_2 . a_1 . \Delta F . L_0 + C_{01} . C_{02} . i - C_{01} . a_2 . i . \Delta F - C_{02} . a_1 . i . \Delta F + K . \Delta F^2) . \Delta F$$

Sabe-se que as grandezas $(C_{02} . L_0)$ corresponde à espessura inicial da seção transversal e a altura inicial da seção longitudinal, respectivamente; então, conclui-se que o produto entre ambos os termos resulta na área inicial da espessura longitudinal do corpo dinamoscópico.

O referido enunciado é expresso simbolicamente por:

$$A_{02} = C_{02} . L_0$$

Desse modo, substituindo convenientemente as duas últimas expressões, resulta que:

$$V = V_0 - (A_{01} . a_2 - A_{02} . a_1 + a_2 . a_1 . \Delta F . L_0 + C_{01} . C_{02} . i - C_{01} . a_2 . i . \Delta F - C_{02} . a_1 . i . \Delta F + K . \Delta F^2) . \Delta F$$

Sabe-se que as grandezas (C_{02} . C_{01}) correspondem à espessura inicial e a largura inicial, ambos referentes às seções transversais; então, conclui-se que o produto entre ambos os termos resulta na área inicial da base do corpo dinamoscópico perfeitamente elástico; ou seja, resulta na área da seção transversal do referido corpo dinamoscópico.

O referido enunciado é expresso simbolicamente pela seguinte equação:

$$B_0 = C_{01} . C_{01}$$

Assim, substituindo convenientemente as duas últimas expressões, resulta que:

$$V = V_0 - (A_{01} . a_2 - A_{02} . a_1 + a_2 . a_1 . \Delta F . L_0 + B_0 . i - C_{01} . a_2 . i . \Delta F - C_{02} . a_1 . i . \Delta F + K . \Delta F^2) . \Delta F$$

Sabe-se que a constante de proporção (K) corresponde a igualdade do produto entre a intensidade elástica da deformação por tração pela intensidade elástica da deformação da contração lateral da espessura pela intensidade elástica da contração lateral da largura.

O referido enunciado é expresso simbolicamente pela seguinte equação:

$$K = a_1 . a_2 . i$$

Então, substituindo convenientemente as duas últimas expressões, resulta que:

$$V = V_0 - (A_{01} . a_2 - A_{02} . a_1 + a_2 . a_1 . \Delta F . L_0 + B_0 . i - C_{01} . a_2 . i . \Delta F - C_{02} . a_1 . i . \Delta F + a_1 . a_2 . i . \Delta F^2) . \Delta F$$

Esta é a equação que traduz o estado do volume de um corpo dinamoscópico perfeitamente elástico.

Nas demonstrações precedentes tratei parte por parte no processamento da dedução da equação que exprime o estado do volume de um corpo dinamoscópico que sofre simultaneamente deformações, por tração e por contração lateral. Entretanto, para que não parecessem descontínuas, ilustrarei o presente parágrafo com um resumo matemático da referida equação, para ser lida somente por aqueles que tiverem antes estudado a demonstração anterior.

10. Resumo

a) $L = (L_0 + \Delta L)$
b) $C_1 = (C_{01} - \Delta C_1)$
c) $C_2 = (C_{02} - \Delta C_2)$

$$L \cdot C_1 \cdot C_2 = (L_0 + \Delta L) \cdot (C_{01} - \Delta C_1) \cdot (C_{02} - \Delta C_2)$$

Como:

$$V = L \cdot C_1 \cdot C_2$$

Resulta que:

$$V = (L_0 + \Delta L) \cdot (C_{01} - \Delta C_1) \cdot (C_{02} - \Delta C_2)$$

$$V = (L_0 \cdot C_{01} - L_0 \cdot \Delta C_1 + C_{01} \cdot \Delta L - \Delta C_1 \cdot \Delta L) \cdot (C_{02} - \Delta C_2)$$

$$V = L_0 \cdot C_{01} \cdot C_{02} - L_0 \cdot \Delta C_1 \cdot C_{02} + C_{01} \cdot \Delta L \cdot C_{02} - \Delta C_1 \cdot \Delta L \cdot C_{02} - L_0 \cdot C_{01} \cdot \Delta C_2 + L_0 \cdot \Delta C_1 \cdot \Delta C_2 - \Delta C_{01} \cdot \Delta L \cdot \Delta C_2 + \Delta C_1 \cdot \Delta L \cdot \Delta C_2$$

Como:

$$V_0 = L_0 \cdot C_{01} \cdot C_{02}$$

Como:

$$\Delta V = \Delta L \cdot \Delta C_1 \cdot \Delta C_2$$

Resulta:

$V = V_0 - L_0 \cdot \Delta C_1 \cdot C_{02} + C_{01} \cdot \Delta L \cdot C_{02} - \Delta C_1 \cdot \Delta L \cdot C_{02} - L_0 \cdot C_{01} \cdot \Delta C_2 + L_0 \cdot \Delta C_1 \cdot \Delta C_2 - C_{01} \cdot \Delta L \cdot \Delta C_2 + \Delta V$

Como:

$$\Delta C_1 = a_1 \cdot \Delta F; \; \Delta C_2 = a_2 \cdot \Delta F \text{ e } \Delta L = i \cdot \Delta F$$

Resulta que:

$V = V_0 - L_0 \cdot C_{02} \cdot a_1 \cdot \Delta F + C_{01} \cdot C_{02} \cdot i \cdot \Delta F - C_{02} \cdot i \cdot \Delta F \cdot a_1 \cdot \Delta F - L_0 \cdot C_{01} \cdot a_2 \cdot \Delta F + L_0 \cdot a_1 \cdot \Delta F \cdot a_2 \cdot \Delta F - C_{01} \cdot a_2 \cdot \Delta F \cdot i \cdot \Delta F + \Delta V$

Como:

$$A_{01} = C_{01} \cdot L_0$$

$$A_{02} = C_{02} \cdot L_0$$

$$B_0 = C_{01} \cdot C_{02}$$

Resulta que:

$$\Delta V = K \cdot \Delta F^3$$

Resulta:

$$V = V_0 - A_{02} \cdot a_1 \cdot \Delta F + B_0 \cdot i \cdot \Delta F - C_{02} \cdot i \cdot a_1 \cdot \Delta F^2 - A_{01} \cdot a_2 \cdot \Delta F + L_0 \cdot a_1 \cdot a_2 \cdot \Delta F^2 - C_{01} \cdot a_2 \cdot i \cdot \Delta F^2 + K \cdot \Delta F^3$$

Colocando-se (ΔF) em evidência, resulta que:

$$V = V_0 - (A_{02} \cdot a_1 + B_0 \cdot i - C_{02} \cdot i \cdot a_1 \cdot \Delta F - A_{01} \cdot a_2 + L_0 \cdot a_1 \cdot a_2 \cdot \Delta F - C_{01} \cdot a_2 \cdot i \cdot \Delta F + K \cdot \Delta F^2) \cdot \Delta F$$

Sabendo-se que: ($K = a_1 \cdot a_2 \cdot i$); então resulta que:

$$V = V_0 - (A_{02} \cdot a_1 + B_0 \cdot i - C_{02} \cdot i \cdot a_1 \cdot \Delta F - A_{01} \cdot a_2 + L_0 \cdot a_1 \cdot a_2 \cdot \Delta F - C_{01} \cdot a_2 \cdot i \cdot \Delta F + a_1 \cdot a_2 \cdot i \cdot \Delta F^2) \cdot \Delta F$$

11. Densidade Volumétrica

Suponha um corpo dinamoscópico perfeitamente elástico de uma substância dinamoscópica qualquer. Considere então que os volumes apresentados pelo referido corpo dinamoscópico a uma intensidade de força nula ($F = 0$) e a uma intensidade de força qualquer, portanto, diferente de zero ($F \neq 0$), sejam respectivamente (V_0) e (V). Designado por (f_0) e (f) as densidades volumétricas, respectivamente a ($F = 0$) e ($F \neq 0$), posso escrever que:

a) $F = 0 \rightarrow f_0 = m/V_0$

b) $F \neq 0 \rightarrow f = m/V$

Considerando a seguinte equação:

Leandro Bertoldo
Elasticidade – Vol. III – Contração Elástica

$V = V_0 - (A_{02} \cdot a_1 + B_0 \cdot i - C_{02} \cdot i \cdot a_1 \cdot \Delta F - A_{01} \cdot a_2 + L_0 \cdot a_1 \cdot a_2 \cdot \Delta F - C_{01} \cdot a_2 \cdot i \cdot \Delta F + a_1 \cdot a_2 \cdot i \cdot \Delta F^2) \cdot \Delta F$

Então posso escrever que:

$V = V_0 \cdot [1 - V_0^{-1} \cdot (A_{02} \cdot a_1 + B_0 \cdot i - C_{02} \cdot i \cdot a_1 \cdot \Delta F - A_{01} \cdot a_2 + [L_0 \cdot a_1 \cdot a_2 \cdot \Delta F - C_{01} \cdot a_2 \cdot i \cdot \Delta F + a_1 \cdot a_2 \cdot i \cdot \Delta F^2) \cdot \Delta F]$

Portanto resulta:

$V_0/V = 1/[1 - V_0^{-1} \cdot (A_{02} \cdot a_1 + B_0 \cdot i - C_{02} \cdot i \cdot a_1 \cdot \Delta F - A_{01} \cdot a_2 + L_0 \cdot a_1 \cdot a_2 \cdot \Delta F - C_{01} \cdot a_2 \cdot i \cdot \Delta F + a_1 \cdot a_2 \cdot i \cdot \Delta F^2) \cdot \Delta F]$

Dividindo a equação (b) por (a), tem-se que:

$$V_0/V = f/f_0$$

Então, conclui-se que:

$f/f_0 = 1/[1 - V_0^{-1} \cdot (A_{02} \cdot a_1 + B_0 \cdot i - C_{02} \cdot i \cdot a_1 \cdot \Delta F - A_{01} \cdot a_2 + L_0 \cdot a_1 \cdot a_2 \cdot \Delta F - C_{01} \cdot a_2 \cdot i \cdot \Delta F + a_1 \cdot a_2 \cdot i \cdot \Delta F^2) \cdot \Delta F]$

Por questões didáticas o termo: $(A_{02} \cdot a_1 + B_0 \cdot i - C_{02} \cdot i \cdot a_1 \cdot \Delta F - A_{01} \cdot a_2 + L_0 \cdot a_1 \cdot a_2 \cdot \Delta F - C_{01} \cdot a_2 \cdot i \cdot \Delta F + a_1 \cdot a_2 \cdot i \cdot \Delta F^2)$ é denominado por "termo leandrino".

Esse termo é representado pela seguinte letra ($\aleph$).
Então, com relação à última expressão, conclui-se que:

$$f/f_0 = 1/[1 - V_0^{-1} \cdot (\aleph) \cdot \Delta F]$$

Assim, posso afirmar que a densidade volumétrica varia com essa grandeza seguindo proporção inversa.

Leandro Bertoldo
Elasticidade – Vol. III – Contração Elástica

12. Deformação Volumétrica Cilíndrica

Considere um corpo dinamoscópico perfeitamente elástico, com a forma cilíndrica. Suponha que o referido corpo dinamoscópico esteja com uma de suas extremidades afixada em um referencial inercial.

Então, ao imprimir uma intensidade de força na outra extremidade do referido corpo dinamoscópico, ao ocorrer uma deformação por tração, o corpo sofrerá simultaneamente uma deformação por contração lateral. Essa deformação ocorre na seção transversal do corpo dinamoscópico, o que vem a provocar no corpo dinamoscópico cilíndrico o aparecimento de uma "coroa circular".

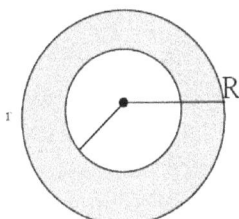

De acordo com a geométrica plana, a área da referida coroa circular é expressa por:

$$A = \pi(R^2 - r^2)$$

Evidentemente, as partes que sofrem deformações são as seguintes:

a) variação da deformação por tração
b) variação da deformação da coroa circular

De acordo com os postulados da geométrica espacial, o volume de um cilindro é igual à área da base em produto com o comprimento do cilindro.

O referido enunciado é expresso por:

$$V = A \cdot L$$

Então se torna evidente que a variação do volume deformado de um cilindro é igual a variação da área da base que se deformou no processamento da contração lateral em produto com a variação da deformação por tração.

Simbolicamente, o referido enunciado é expresso por:

$$\Delta V = \Delta A \cdot \Delta L$$

Porém, a variação da deformação da área da base, proveniente da contração lateral, é igual ao valor do π em produto com o quadrado do raio inicial, quando o corpo se encontrava na total ausência de forças impressas em produto com a diferença do quadrado do raio que resulta na seção transversal, quando o dito corpo dinamoscópico sofre a ação de uma intensidade de força.

O referido enunciado é expresso simbolicamente por:

$$\Delta A = \pi \cdot (R_0^2 - r^2)$$

Substituindo covenientemente as duas últimas expressões, resulta que:

$$\Delta V = \pi \cdot (R_0^2 - r^2) \cdot \Delta L$$

Na realidade o termo ($R_0 - r$) mede a variação do raio da seção transversal do corpo dinamoscópico cilíndrico. Então, posso afirmar que a variação da seção transversal é igual ao raio inicial pela diferença do valor do raio posterior.

Simbolicamente, o referido enunciado é expresso por:

$$\Delta R = R_0 - r$$

Então, substituindo convenientemente as duas últimas expressões, resulta que:

$$\Delta V = \pi . \Delta R^2 . \Delta L$$

Fundamentado em leis anteriores estabelecidas no presente capítulo, posso afirmar que a variação da seção transversal é igual à intensidade elástica lateral em produto com a intensidade de força imprimida.
O referido enunciado é expresso simbolicamente pela seguinte equação:

$$\Delta R = a . \Delta F$$

Logo, substituindo convenientemente as duas últimas expressões, resulta que:

$$\Delta V = \pi . (a . \Delta F)^2 . \Delta L$$

Demonstrei que a variação da deformação por tração é igual à intensidade elástica da referida deformação em produto com a intensidade de força imprimida.
Simbolicamente, o referido enunciado é expresso por:

$$\Delta L = i . \Delta F$$

Substituindo convenientemente as duas últimas expressões, vem que:

$$\Delta V = \pi . i . \Delta F . a^2 . \Delta F^2$$

Então, resulta que:

$$\Delta V = \pi . i . a^2 . \Delta F^3$$

Logo, posso afirmar que a variação de volume de um corpo dinamoscópico de forma geométrica cilíndrica é igual ao valor do (π) em produto com a intensidade elástica da deformação por tração em produto com o quadrado da intensidade elástica da deformação por contração lateral multiplicada pelo cubo da variação da intensidade de força imprimida no corpo dinamoscópico.

CAPÍTULO VI
Expansão Lateral

1. Introdução

Até o presente momento venho expondo os conceitos de deformação por contração lateral. Porém, existe outro conceito fundamentado na mesma ideia e que denominei por "expansão lateral".

O fenômeno da expansão lateral é verificado experimentalmente por meio do seguinte procedimento: ao afixar um corpo dinamoscópico perfeitamente elástico por meio de uma de suas extremidades a um referencial inercial. Ao aplicar na outra extremidade do corpo dinamoscópico uma intensidade de força suficientemente intensa, verificar-se-á o aparecimento de uma deformação no referido corpo dinamoscópico.

Quando essa intensidade de força é impressa na direção longitudinal no sentido de provocar uma deformação por compressão; então, as dimensões transversais do corpo dinamoscópico aumentam em todos os sentidos. E as referidas deformações somente serão restituídas ao seu estado original quando a intensidade de força imprimida sobre o corpo dinamoscópico deixar de atuar.

Desse modo, as experiências mostram que corpo dinamoscópico de deformações perfeitamente elásticas ao sofrerem uma deformação por compressão, passa a apresentar um aumento em sua seção transversal ao passo que apresentam uma diminuição na sua seção longitudinal. E na ausência total de forças externas, ambas as deformações restituem-se simultaneamente ao seu estado primitivo.

Esse fenômeno de aumento da seção transversal é denominado por "expansão lateral".

Dessa forma, uma propriedade fundamental que constitui os corpos dinamoscópico perfeitamente elásticos está fundamentada na seguinte sentença:

"Sempre que um corpo dinamoscópico perfeitamente elástico for submetido a uma deformação por compressão, a área de sua seção longitudinal diminui e a área da seção transversal aumenta".

A referida sentença é verdadeira sempre que o corpo dinamoscópico é submetido à ação de uma intensidade de força e, na total ausência de forças externas imprimidas, a seção longitudinal restitui-se ao seu estado natural juntamente com a seção transversal. As referidas propriedades são os motivos da existência do presente estudo.

2. Confrontos Entre Contração e Expansão Lateral

Em parágrafos anteriores afirmei categoricamente que um corpo dinamoscópico, perfeitamente elástico, sofre uma deformação por contração lateral quando o referido corpo é submetido a uma deformação por tração.

Já a expansão lateral é um fenômeno inverso; pois, o corpo dinamoscópico perfeitamente elástico sofre uma deformação por expansão lateral, quando o referido corpo é submetido a uma deformação por contração.

Quando o corpo dinamoscópico sofre uma deformação por contração lateral, a seção transversal (S_t) diminui, enquanto que a seção longitudinal (S_l) aumenta.

Simbolicamente, o referido enunciado é expresso por:

$$S_t < S_l >$$

O corpo dinamoscópico sofre uma deformação por expansão lateral, quando a seção transversal (S_t) aumenta e a seção longitudinal (S_l) diminui.

Simbolicamente, o referido enunciado é expresso por:

$$S_t > S_l <$$

Isso significa que a expansão lateral e o inverso da contração lateral, assim como a deformação por compressão e o inverso da deformação por tração.

3. Sentido das Deformações

Uma lei básica que resulta do estudo do comportamento dos corpos dinamoscópico é a seguinte:
"A deformação longitudinal é sempre perpendicular à deformação transversal e vice-versa".

Ao esquematizar a deformação por tração em um plano, obtém-se a seguinte figura indicando o sentido da deformação em debate:

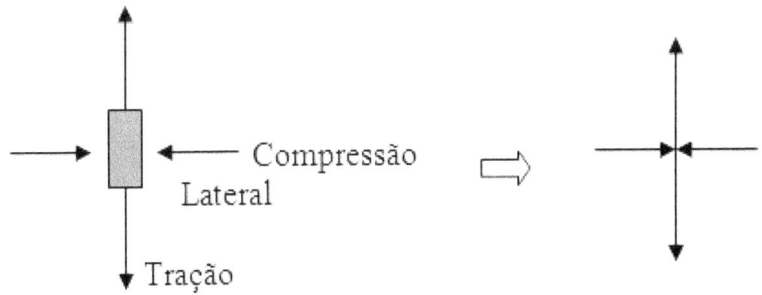

A referida figura caracteriza muito bem a deformação por contração lateral e a deformação por tração, indicando os sentidos seguidos pelas referidas deformações.

Ao esquematizar a deformação por compressão em um plano, obtém-se a seguinte figura indicando o sentido de propagação da deformação em discussão:

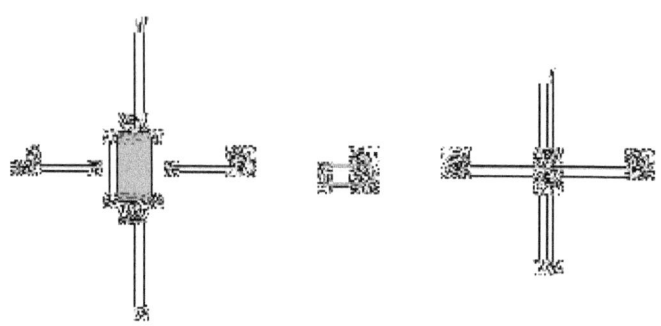

A dita figura caracteriza muito bem a deformação por expansão lateral e a deformação por compressão indicando os sentidos seguidos pelas referidos deformações. Convencionando-se que as deformações por tração ou compressão sejam caracterizadas na direção vertical e as deformações por contração e expansão lateral sejam caracterizadas na direção horizontal. Então posso concluir que o sentido da deformação horizontal é tal que se opõe ao sentido da deformação vertical, embora a direção seja perpendicular e sempre a mesma para qualquer caso de deformação.

4. Leis da Contração e Expansão

Chamei de expansão lateral, o aumento da seção transversal de um corpo dinamoscópico, quando o mesmo é submetido à ação de uma força que provoque uma deformação linear por compressão. A variação da expansão lateral é definida do mesmo modo, com relação do aumento do comprimento transversal para o referido comprimento no estado primitivo.

Para análise dessa grandeza dinamoscópica, considere um corpo perfeitamente elástico homogêneo de seção reta uniforme, submetido à ação de uma deformação por compressão. À medida que essa intensidade de força aumenta, o corpo dinamoscópico começa a apresentar uma expansão lateral caracterizada por (C);

ou melhor, ao ser submetido à ação de uma intensidade de força que provoque uma deformação linear por contração, o corpo sofre um aumento no comprimento de sua seção transversal. Deve-se entender que esse fenômeno somente ocorre quando se imprime uma intensidade de força longitudinalmente no corpo dinamoscópico.

Considerando os referidos dados, posso afirmar que a variação da grandeza "expansão lateral" é igual ao comprimento total da seção transversal do referido corpo dinamoscópico pela diferença do comprimento que apresenta quando a intensidade de força imprimida é nula.

O referido enunciado é expresso simbolicamente pela seguinte expressão:

$$\Delta C = C_0 - C$$

Isso vem a mostrar que as leis da contração lateral podem ser perfeitamente aplicadas na caracterização da expansão lateral, embora o comprimento da seção transversal aumente, nesse último caso com o aumento da intensidade de força imprimida e no primeiro caso diminui com o aumento da intensidade de força.

5. Equação da Deformação Por Expansão Lateral

A grandeza que indica a variação da deformação por expansão lateral de um corpo dinamoscópico perfeitamente elástico mostra que:

$$\Delta C = C_0 - C$$

Desse modo, a variação da deformação lateral, qualquer que seja, é igual ao comprimento inicial da seção transversal pela diferença do comprimento que apresenta ao ser submetido a ação de uma intensidade de força.

Mas, como se trata de uma deformação por expansão lateral, ocorre um aumento da aresta transversal do corpo dinamoscópico, quando o mesmo é submetido à ação de uma intensidade de força.

Desse modo, de acordo com a definição da grandeza lateral, no processamento da expansão, o comprimento total da aresta transversal do corpo dinamoscópico ao ser submetido à ação de uma intensidade de força é maior que o comprimento inicial da referida aresta que o mesmo apresenta na total ausência de forças externas impressas.

O referido enunciado é expresso simbolicamente por:

$$C > C_0$$

Então, posso afirmar categoricamente que, a variação da expansão lateral de um corpo dinamoscópico perfeitamente elástico é algebricamente negativo.

Simbolicamente, o referido enunciado é expresso por:

$$-\Delta C$$

Desse modo, substituindo convenientemente o referido resultado na antepenúltima expressão, vem que:

$$-\Delta C = C_0 - C$$

Considerando a referida expressão, ao isolar o comprimento total assumido na expansão lateral do corpo dinamoscópico, vem que:

$$C = C_0 + \Delta C$$

Logo, numa deformação por expansão lateral, o comprimento total assumido pela seção transversal de um corpo dinamoscópico, seja qualquer que for o estágio de deformação, o referido comprimento é igual ao comprimento inicial adicionado com a variação do referido comprimento.

Como as deformações por expansão como a deformação por contração obedecem às mesmas leis nas mesmas proporções, pois, em ambos os fenômenos as deformações verificadas aumentam com o aumento da intensidade de força imprimida.

É possível demonstrar experimentalmente que a variação da deformação da seção transversal por expansão lateral é igual a intensidade elástica lateral em produto com a intensidade de força imprimida.

Simbolicamente, o referido enunciado é expresso pela seguinte equação:

$$\Delta C = a . \Delta F$$

Então, substituindo convenientemente as duas últimas expressões, resulta que:

$$C = C_0 + a . \Delta F$$

Ou melhor, numa deformação elástica por expansão lateral, o comprimento total assumido pela referida seção é igual ao comprimento inicial do corpo dinamoscópico adicionado com a intensidade elástica lateral em produto com a variação da intensidade elástica lateral em produto com a variação da intensidade de força imprimida.

Esta última expressão, vem a caracterizar aquilo que denominei por "equação da deformação elástica por expansão lateral".

6. Análise da Equação por Expansão Lateral

Uma análise bastante superficial da equação traduz a deformação elástica por expansão lateral de um corpo dinamoscópico perfeitamente elástico, mostra claramente que o comprimento da seção transversal dependerá tão-somente da intensidade de força (F) que é impressa no corpo dinamoscópico, na situação considerada, já que tanto o comprimento inicial da seção transversal é a intensidade elástica lateral são constantes características do corpo dinamoscópico em debate.

a) $C_0 \equiv$ constante
b) $a \equiv$ constante

Logo, posso afirmar que:

$$C = f(F)$$

Portanto, passarei a fundamentar o estudo da dependência de (C) em função de (F).

A) (F = 0): Sempre que a intensidade de força imprimida em um corpo dinamoscópico perfeitamente elástico for nula, o que vem a ocorrer toda vez que o corpo encontra-se restituído ao seu estado natural, tem-se que:

$$C = C_0 + a \cdot \Delta F$$

Portanto, resulta que:

$$C = C_0$$

Ou melhor, na expansão lateral o comprimento da seção transversal assumida pelo corpo dinamoscópico é absolutamente igual ao seu comprimento inicial.

Evidentemente obtém-se (C = C_0) se considerar um corpo dinamoscópico com intensidade elástica lateral desprezível (a = 0). Logo, o comprimento resultante na seção transversal é sempre constante, pois passa a independer da intensidade de força, desse modo, tem-se então o chamado corpo dinamoscópico rígido.

b) (F > 0): Conforme cresce a intensidade da força imprimida no corpo dinamoscópico, a variação da deformação por expansão lateral da seção transversal cresce, já que o fenômeno observado é transversalmente uma expansão lateral, e longitudinalmente é uma compressão longitudinal.

c) (F = máxima): O valor da intensidade de força máxima ($F_{máx}$) é limitado pelo próprio corpo dinamoscópico.

Pois, sabe-se que as deformações são perfeitamente elásticas até certo limite, após o qual as deformações resultantes passam a ser permanentes. Evidentemente, nesse caso, se (F = $F_{máx}$), naturalmente a deformação resultante será (L = $L_{máx}$), logicamente considero tudo isso dentro dos limites das deformações perfeitamente elásticas, logo, tem-se que:

$$C_{MX} = C + a . \Delta F_{mx}$$

7. Representação Gráfica de um Corpo Dinamoscópico Numa Deformação Por Expansão Lateral: Curva Característica

Pretendo representar graficamente os diferentes comprimentos assumidos pela deformação por expansão lateral. Tal deformação tem como equação dinamoscópica (C = C_0 + a . ΔF); esta caracteriza a forma de uma equação do primeiro grau ou equação linear, do tipo (Y = A + B . X), que apresenta como gráfico uma reta. Adotarei então os eixos cartesianos (X) e (Y), tomando em seus lugares, respectivamente, (ΔF) e (C).

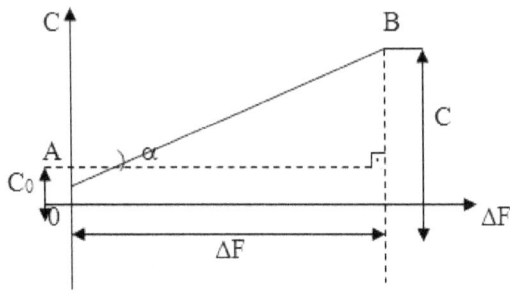

Considerando o triângulo (ABC), tem-se que:

$$Tg\alpha = \overline{BC}/\overline{AC} \equiv C - C_0/F - F_0 = a$$

$$Tg\alpha \equiv a$$

Logo, isto significa que a tangente trigonométrica do ângulo, definido entre a reta das expansões e o eixo das intensidades de forças, fornece numericamente a intensidade elástica lateral da expansão.

O diagrama cartesiano que representa a intensidade elástica lateral do corpo dinamoscópico no processamento da deformação e denominado por diagrama das intensidades elásticas.

Como essa intensidade elástica se mantém constante durante todo o processamento da deformação, o gráfico representativo será evidentemente dado por uma reta paralela ao eixo das intensidades de forças.

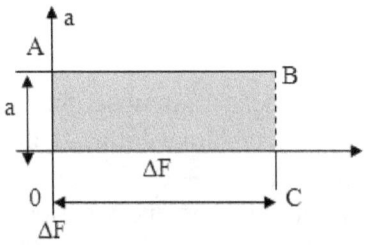

Observa-se então o retângulo definido pelos pontos (0, A, B e C). Sua área será expressa por:

$$\text{Área} \equiv \text{base . altura}$$

$$\text{Área} \equiv (\overline{OC}) . (\overline{BC}) \equiv \Delta F . a = a . \Delta F$$

Relembrando a equação dinamoscópica da deformação por expansão, tem-se que:

$$C = C_0 + a . \Delta F$$

$$\therefore$$

$$C - C_0 = a . \Delta F$$

Isso permite concluir que a área do retângulo fornece numericamente a variação da deformação por expansão lateral ($C - C_0$).

$$\text{Área} \equiv C - C_0$$

Desse modo, por conclusão, sempre que se almejar obter a deformação de fato ocorrida na expansão lateral, bastará simplesmente calcular a área do retângulo, cuja base caracteriza a intensidade de força considerada e cuja altura A representa a intensidade elástica da deformação lateral.

8. Diferenças Fundamentais da Deformação Lateral

A distinção fundamental entre a deformação lateral por contração e por expansão consiste no fator algébrico. Enquanto a intensidade elástica da contração lateral é negativa, a intensidade elástica da expansão lateral é positiva.

CAPÍTULO VII
Cinemática da Deformação

1. Introdução

É possível demonstrar experimentalmente que, ao afixar um corpo dinamoscópico perfeitamente elástico por meio de uma de suas extremidades a um referencial inercial. E ao imprimir na outra extremidade uma intensidade de força suficientemente intensa, verificar-se-á, o aparecimento de uma deformação no referido corpo dinamoscópico.

Quando essa intensidade de força é aplicada na direção longitudinal do corpo dinamoscópico, a deformação elástica resultante pode ser: por tração e por compressão; simultaneamente com a referida deformação, aparece outra secundária que tenho chamado por deformação lateral.

Caso a deformação longitudinal seja por tração; a deformação lateral será por contração. Por outro lado, se a deformação longitudinal for por compreensão, então a deformação lateral será por expansão.

Tanto a deformação longitudinal como a lateral, iniciam-se simultaneamente e encerram-se simultaneamente. Ambas restituem-se no mesmo instante aos seus respectivos estados primitivos.

Isso vem a sugerir um princípio de simultaneidade dinamoscópica. Esse princípio é também conhecido pela denominação de princípio da simultaneidade de Leandro. Esse princípio é enunciado nos seguintes termos:

"Em um sistema dinamoscópico, a deformação lateral ocorre simultaneamente com a deformação longitudinal".

2. Velocidade Dinamoscópica

Na natureza existem dois tipos distintos de movimento:

a) Movimento uniforme
b) Movimento variado

O movimento uniforme e caracterizado por apresentar uma velocidade constante com o tempo; enquanto que o movimento variado é caracterizado por apresentar uma aceleração constante com o tempo.

Analisando uma deformação processada através de um movimento uniforme, posso afirmar que a velocidade dinamoscópica da deformação por tração é igual ao quociente da variação da deformação, inversa pela variação de tempo decorrido no processamento da referida deformação.

Simbolicamente, o referido enunciado é expresso por:

$$V = \Delta L/\Delta t$$

Quando o corpo dinamoscópico sofre uma deformação linear por tração, aparece uma deformação lateral. Evidentemente, se a deformação longitudinal apresenta uma velocidade, então, a deformação lateral, também, apresenta uma velocidade dinamoscópica.

Então, posso afirmar que a velocidade dinamoscópica da deformação lateral é igual ao quociente da variação da deformação da seção transversal, inversa pela variação de tempo.

Simbolicamente, o referido enunciado é expresso por;

$$v = \Delta C/\Delta t$$

Evidentemente, se o movimento é uniforme no processamento da deformação longitudinal, então posso afirmar que na deformação lateral, o movimento também será uniforme.

O princípio da simultaneidade afirma que a deformação lateral ocorre simultaneamente com o processamento da deformação longitudinal. Isto significa que no mesmo intervalo de tempo que ocorre a deformação por tração, também ocorre a deformação lateral por contração. Simbolicamente, o referido enunciado é expresso pela seguinte igualdade:

$$\Delta t_c = \Delta t_T$$

Então, igualando convenientemente as três últimas expressões, posso escrever que:

$$\Delta t = \Delta L/V = \Delta C/v$$

Portanto, vem que:

$$\Delta L/V = \Delta C/v$$

Isso permite afirmar que o quociente da variação da deformação longitudinal inversa pela velocidade dinamoscópica linear é igual ao quociente da variação da deformação lateral inversa pela velocidade dinamoscópica lateral.

Analisando convenientemente a referida expressão, obtém-se que:

$$v/V = \Delta C/\Delta L$$

Porém, o quociente da variação da deformação lateral, inversa pela deformação longitudinal é igual à constante de Leandro.

Logo, posso escrever que:

$$\mu = v/V$$

Assim, posso afirmar que a constante de Leandro é igual ao quociente da velocidade dinamoscópica lateral, inversa pela velocidade dinamoscópica longitudinal.

3. Relação Entre a Constante de Leandro e a Equação da Contração Lateral

Em parágrafos anteriores demonstrei que a contração total assumida lateralmente pelo corpo dinamoscópico; ou, a expansão total assumida pelo corpo dinamoscópico é igual ao comprimento inicial da referida seção subtraída para o primeiro caso de deformação ou adicionado para a segunda natureza da deformação, com a constante de Leandro, em produto com a variação da deformação linear.

Simbolicamente, o referido enunciado é expresso pela seguinte equação:

$$C = C_0 \pm \mu \cdot \Delta L$$

Porém, demonstrei que a constante de Leandro é igual à velocidade dinamoscópica lateral, inversa pela velocidade dinamoscópica longitudinal.

O referido enunciado é expresso simbolicamente pela seguinte relação:

$$\mu = v/V$$

Substituindo convenientemente as duas últimas expressões, obtém-se que:

$$C = C_0 \pm v \cdot \Delta L/V$$

Portanto, posso afirmar que o comprimento assumido pela seção transversal é igual ao comprimento inicial mais ou menos a velocidade dinamoscópica lateral em produto com a variação da deformação linear, inversa pela velocidade dinamoscópica longitudinal.

Mas sabe-se que no movimento uniforme o quociente da variação da deformação linear, inversa pela velocidade dinamoscópica longitudinal é igual à variação de tempo decorrido no processamento do fenômeno.

Simbolicamente, o referido enunciado é expresso por:

$$\Delta t = \Delta L/V$$

Então, substituindo convenientemente as duas últimas expressões, obtém-se que:

$$C = C_0 \pm v \cdot \Delta t$$

Logo, posso afirmar que o comprimento assumido pela seção transversal é igual ao comprimento inicial da referida seção adicionada ou subtraída conforme a natureza da deformação, com a velocidade dinamoscópica lateral em produto com a variação de tempo cronometrado durante o processamento do fenômeno.

4. Quantidade Elástica Longitudinal e a Relação de Leandro

Afirmei e demonstrei que a quantidade elástica longitudinal é igual ao quociente da variação da intensidade de força imprimida longitudinalmente ao corpo dinamoscópico em produto com a variação da deformação lateral, inversa pela constante de Leandro.

Simbolicamente, o referido enunciado é expresso pela seguinte relação:

$$Q = \Delta F \cdot \Delta C/\mu$$

Porém, demonstrei que a constante de Leandro é igual ao quociente da velocidade dinamoscópica lateral, inversa pela velocidade dinamoscópica longitudinal.

O referido enunciado é expresso simbolicamente pela seguinte relação:

$$\mu = v/V$$

Logo, substituindo convenientemente as duas últimas expressões, obtém-se que:

$$Q = (\Delta F \cdot \Delta C) / (v/V)$$

Sabendo-se que o produto dos meios é igual ao produto dos extremos, resulta que:

$$Q = \Delta F \cdot \Delta C \cdot V/v$$

Assim, posso afirmar que a quantidade elástica longitudinal é igual à variação da intensidade de força imprimida em produto com a variação da deformação multiplicada pela velocidade dinamoscópica longitudinal, inversa pela velocidade dinamoscópica lateral.

Porém, sabe-se que o quociente da variação da deformação lateral inversa pela velocidade dinamoscópica lateral, é igual à variação de tempo.

O referido enunciado é expresso simbolicamente pela seguinte relação:

$$\Delta t = \Delta C/v$$

Então, substituindo convenientemente as duas últimas expressões, resulta que:

$$Q = \Delta F \cdot \Delta t \cdot V$$

Desse modo, posso afirmar que a quantidade elástica de um corpo dinamoscópico é igual à variação da intensidade de força imprimida em produto com a variação de tempo decorrido no processamento do fenômeno multiplicado pela velocidade dinamoscópica longitudinal.

5. Constante e Equação de Leandro

Em parágrafos anteriores demonstrei que a constante de Leandro é igual ao quociente da variação da deformação lateral, inversa pela intensidade elástica longitudinal multiplicada pela variação da intensidade de força imprimida no corpo dinamoscópico.
Simbolicamente, o referido enunciado é expresso por:

$$\mu = \Delta C/i \cdot \Delta F$$

Demonstrei também que a constante de Leandro é igual ao quociente da velocidade dinamoscópica lateral, inversa pela velocidade dinamoscópica longitudinal.
O referido enunciado é expresso simbolicamente pela chamada relação de Leandro:

$$\mu = v/V$$

Igualando convenientemente as duas últimas expressões, resulta que:

$$v/V = \Delta C/i \cdot \Delta F$$

Substituindo convenientemente a referida igualdade, posso escrever que:

$$v \cdot \Delta F = \Delta C \cdot V/i$$

Porem, a Mecânica Newtoniana mostra que a potência cinética de uma partícula em movimento uniforme é igual a sua velocidade em produto com a intensidade de força imprimida. Simbolicamente, o referido enunciado é expresso por:

$$p = v \cdot \Delta F/2$$

Substituindo convenientemente as duas últimas expressões, obtém-se que:

$$p = \Delta C \cdot V/2i$$

Isso permite concluir que a potência dinamoscópica é igual ao quociente da velocidade dinamoscópica longitudinal em produto com a variação do comprimento da seção transversal, inversa pela intensidade elástica linear.

6. A Segunda Lei da Deformação Linear e a Relação de Leandro

Demonstrei que a constante de Leandro é igual ao quociente da variação da deformação lateral, inversa pelo coeficiente de deformação linear multiplicado pelo comprimento inicial longitudinal do corpo dinamoscópico em produto com a variação da intensidade de força imprimida no referido corpo dinamoscópico.

Simbolicamente, o referido enunciado é expresso pela seguinte relação:

$$\mu = \Delta C/h \cdot L_0 \cdot \Delta F$$

Afirmei através de demonstrações matemáticas que a constante de Leandro é igual ao quociente da velocidade dinamoscópica lateral, inversa pela velocidade dinamoscópica longitudinal.

O referido enunciado é expresso simbolicamente pela seguinte equação:

$$\mu = v/V$$

Igualando-se convenientemente as duas últimas expressões, obtém-se:

$$v/V = \Delta C/h \cdot L_0 \cdot \Delta F$$

Desse modo, vem que:

$$v = \Delta C \cdot V/h \cdot L_0 \cdot \Delta F$$

Isso permite concluir que a velocidade dinamoscópica lateral é igual a quociente da variação da velocidade dinamoscópica longitudinal em produto com a variação da deformação por contração lateral, inversa pelo coeficiente de deformação linear em produto com o comprimento inicial longitudinal multiplicado pela variação da intensidade de força imprimida longitudinalmente ao corpo dinamoscópico.

7. A Terceira Lei da Deformação Linear e a Relação de Leandro

Demonstrei anteriormente que o inverso da constante de Leandro é igual à característica dinamoscópica linear do corpo dinamoscópico multiplicado pelo comprimento longitudinal inicial do referido corpo em produto com a variação da intensidade de força imprimida no corpo dinamoscópico, inversa pela área da seção transversal do corpo dinamoscópico considerado, multiplicada pela variação da deformação lateral.

O referido enunciado é expresso simbolicamente pela seguinte relação:

$$1/\varphi = \eta \cdot L_0 \cdot \Delta F/A_0 \cdot \Delta C$$

Também demonstrei que a constante de Leandro é igual ao quociente da velocidade dinamoscópica lateral, inversa pela velocidade dinamoscópica longitudinal. Simbolicamente, o referido enunciado é expresso pela seguinte relação:

$$\mu = v/V$$

Igualando convenientemente as duas últimas expressões, vem que:

$$(1/1) / (v/V) = \eta \cdot L_0 \cdot \Delta F/A_0 \cdot \Delta C$$

Assim, resulta que:

$$V/v = h \cdot L_0 \cdot \Delta F/A_0 \cdot \Delta C$$

Desse modo, conclui-se que:

$$V = \eta \cdot L_0 \cdot \Delta F \cdot v/A_0 \cdot \Delta C$$

Isso permite afirmar que a velocidade dinamoscópica longitudinal é igual ao quociente da característica dinamoscópica linear em produto com o comprimento longitudinal inicial multiplicado pela variação da intensidade de força imprimida longitudinalmente ao corpo dinamoscópico em produto com a velocidade dinamoscópica lateral, inversa pela área inicial da seção transversal em produto com a variação da deformação linear.

8. A Constante de Leandro e a Intensidade Elástica Lateral

Em parágrafos anteriores demonstrei que a intensidade elástica lateral é igual a constante de Leandro, multiplicada pela intensidade elástica linear.

Simbolicamente o referido enunciado é expresso pela seguinte equação:

$$a = \mu \cdot i$$

Demonstrei que a constante de Leandro é igual ao quociente da velocidade dinamoscópica lateral, inversa pela velocidade dinamoscópica longitudinal.

$$\mu = v/V$$

O referido enunciado é expresso simbolicamente pela seguinte relação:

$$a = v \cdot i/V$$

Isso permite afirmar que a intensidade elástica lateral de um corpo dinamoscópico é igual ao quociente da velocidade dinamoscópica lateral em produto com a intensidade elástica longitudinal, inversa pela velocidade dinamoscópica longitudinal.

Demonstrei que a intensidade elástica linear é igual a característica dinamoscópica multiplicada pelo comprimento inicial do corpo dinamoscópico, inversa pela área inicial da seção transversal do referido corpo.

Simbolicamente, o referido enunciado é expresso pela seguinte relação:

$$i = \eta \cdot L_0/A_0$$

Substituindo convenientemente as duas últimas expressões, resulta que:

$$a = v \cdot \eta \cdot L_0/V \cdot A_0$$

Logo, posso afirmar que a intensidade elástica lateral é igual ao quociente da velocidade dinamoscópica lateral em produto com a característica dinamoscópica, multiplicada pelo comprimento inicial do corpo dinamoscópico, inversa pela velocidade dinamoscópica longitudinal em produto como a área inicial da seção transversal do corpo dinamoscópico considerado.

Afirmei que a intensidade elástica linear de um corpo dinamoscópico é igual ao quociente da variação da deformação longitudinal, inversa pela variação da intensidade de força imprimida no corpo dinamoscópico em debate.

Simbolicamente, o referido enunciado é expresso por:

$$i = \Delta L/\Delta F$$

Novamente, substituindo convenientemente as expressões em discussão, resulta que:

$$a = v \cdot \Delta L/V \cdot \Delta F$$

Desse modo, posso afirmar que a intensidade elástica lateral é igual ao quociente da velocidade dinamoscópica lateral em produto com a variação da deformação longitudinal, inversa pela velocidade dinamoscópica longitudinal, multiplicada pela variação da intensidade de força imprimida no processamento da deformação do corpo dinamoscópico.

9. Fluxo Dinamoscópico

No presente livro defino fluxo dinamoscópico como sendo o quociente da intensidade de força imprimida no corpo dinamoscópico, através de um movimento uniforme, inverso pela variação de tempo decorrido no processamento da intensidade de força.

Sejam, então, (F) e (F + ΔF) a intensidade de força instantânea nos instantes (t) e (t + t), respectivamente. Então, defino fluxo dinamoscópico escalar médio (ϕ_m) no intervalo de tempo Δt, o quociente:

$$\phi_m = \Delta F / \Delta t$$

Evidentemente, a referida relação é válida para deformações que se processam por intermédio de um movimento uniforme; isto é, o movimento de velocidade com intensidade absolutamente constante.

Em capítulos anteriores demonstrei que a variação da intensidade de força aplicada sobre um corpo dinamoscópico é igual ao quociente da variação da deformação longitudinal, inversa pela intensidade elástica linear.

Simbolicamente, o referido enunciado é expresso pela seguinte relação:

$$\Delta F = \Delta L / i$$

Substituindo convenientemente as duas últimas relações, resulta que:

$$\phi_m = (\Delta L / i) / (\Delta t / 1)$$

Portanto, resulta que:

$$\phi_m = \Delta L / i \cdot \Delta t$$

Isso permite afirmar que o fluxo dinamoscópico, proveniente de um movimento uniforme é igual ao quociente da variação da deformação longitudinal, inversa pela intensidade elástica multiplicada pela variação de tempo decorrido no processamento da deformação do corpo dinamoscópico.

Porém, através da Mecânica Clássica, demonstra-se que a velocidade dinamoscópica média longitudinal de um corpo dinamoscópico é igual ao quociente da variação da deformação, inversa pela variação de tempo decorrido no processamento da deformação.

O referido enunciado é expresso simbolicamente pela seguinte relação:

$$V = \Delta L/\Delta t$$

Substituindo convenientemente as duas últimas expressões, resulta que:

$$\phi_m = V/i \qquad (1)$$

Isso permite afirmar categoricamente que o fluxo médio é igual ao quociente da velocidade dinamoscópica média, inversa pela intensidade elástica linear.

Em parágrafos anteriores, demonstrei que a intensidade elástica lateral é igual ao quociente da velocidade dinamoscópica lateral em produto com a intensidade elástica linear inversa pela velocidade dinamoscópica longitudinal.

Simbolicamente, o referido enunciado é expresso por:

$$a = v \cdot i/V \qquad (2)$$

Portanto, posso escrever que:

$$i = a \cdot V/v \qquad (3)$$

Substituindo convenientemente (1) e (3), resulta que:

$$\phi_m = (V/1) / (a . V/v)$$

Sabendo-se que os produtos dos meios são iguais aos produtos dos extremos, posso concluir que:

$$\phi_m = V . v/a . V$$

Eliminando os termos em evidência, resulta que:

$$\phi_m = v/a$$

Portanto, posso escrever que:

$$a = v/ \phi_m$$

Logo, posso afirmar que um corpo dinamoscópico perfeitamente elástico, submetido a uma deformação através de um movimento uniforme, apresenta intensidade elástica lateral igual ao quociente da velocidade dinamoscópica lateral, inversa pelo fluxo dinamoscópico médio longitudinal.

Através de parágrafos anteriores demonstrei que a velocidade dinamoscópica lateral é igual ao quociente da variação da deformação lateral seja ela por expansão ou contração, inversa pela variação de tempo decorrido no prosseguimento da deformação, através de um movimento uniforme.

Simbolicamente, o referido enunciado é expresso pela seguinte relação:

$$v = \Delta C/\Delta t$$

Então, substituindo convenientemente as duas últimas expressões, resulta que:

$$a = (\Delta C/\Delta t) / (\phi_m/1)$$

Sabe-se que os produtos dos meios são absolutamente iguais aos produtos dos extremos, então, resulta que:

$$a = \Delta C / \phi_m \cdot \Delta t$$

Isso permite concluir que a intensidade lateral é igual ao quociente da variação da deformação lateral, inversa pelo fluxo dinamoscópico multiplicado pela variação de tempo.

10. Movimento Dinamoscópio Variado

O movimento variado é caracterizado por apresentar uma aceleração constante com o tempo.

Analisando uma deformação perfeitamente elástica processada através de um movimento variado, posso afirmar categoricamente que a aceleração dinamoscópica da deformação linear é igual ao quociente da velocidade dinamoscópica, inversa pela variação de tempo decorrido no processamento da dita deformação.

Simbolicamente, o referido enunciado é expresso simbolicamente pela seguinte relação:

$$\alpha = \Delta V / \Delta t$$

Evidentemente, quando um corpo dinamoscópico sofre uma deformação linear, aparece uma deformação lateral. Logicamente, se a deformação longitudinal for processada através de um movimento variado, então, posso concluir que a deformação lateral apresenta uma velocidade dinamoscópica lateral variada.

Dessa maneira, posso afirmar que a aceleração dinamoscópica lateral é igual ao quociente da variação da velocidade dinamoscópica lateral, inversa pela variação de tempo decorrido no processamento da referida deformação.

O referido enunciado é expresso simbolicamente pela seguinte relação:

$$\delta = \Delta v/\Delta t$$

Pelo princípio da correspondência, posso afirmar categoricamente que se na deformação longitudinal, o movimento é variado; então, posso também concluir que na deformação lateral, o movimento também será variado.

Desse modo, no mesmo intervalo de tempo em que se processa a deformação lateral, se processa simultaneamente a deformação longitudinal.

Logo, o intervalo de tempo que decorre no processamento da deformação lateral e longitudinal são absolutamente os mesmos.

Simbolicamente, o referido enunciado é expresso pela seguinte igualdade:

$$\Delta t_c = \Delta t_t$$

Assim, igualando convenientemente as três últimas expressões, obtém-se que:

$$\Delta V/\alpha = \Delta v/\delta$$

Portanto, arranjando convenientemente a referida igualdade, resulta na seguinte:

$$\Delta V/\Delta v = \alpha/\delta$$

11. Extensão da Equação da Deformação Longitudinal e Lateral

Galileu Galilei, grande físico italiano, demonstrou que no movimento uniformemente variado a equação do deslocamento de um corpo é igual ao quociente da aceleração multiplicada pelo quadrado da variação de tempo, inversa por dois.

Simbolicamente, o referido enunciado é expresso pela seguinte relação:

$$\Delta X = \alpha \cdot \Delta t^2/2$$

Então, fundamentado na referida equação de Galileu Galilei, posso afirmar que a variação da deformação longitudinal é processada através de um movimento variado, é igual ao quociente da aceleração dinamoscópica em produto com o quadrado da variação de tempo decorrido no processamento da deformação inversa pela constante numérica de valor igual a dois.

O referido enunciado é expresso simbolicamente pela seguinte equação:

$$\Delta L = \alpha \cdot \Delta t^2/2$$

Porém, com de toda deformação longitudinal se segue uma deformação lateral, posso afirmar que a variação da deformação lateral, processada por intermédio de um movimento variado é igual ao quociente da aceleração dinamoscópica lateral em produto com o quadrado da variação de tempo, inversa por dois.

Simbolicamente, o referido enunciado é expresso pela seguinte relação:

$$\Delta C = \delta \cdot \Delta t^2/2$$

Então, dividindo membro a membro das duas últimas equações, resulta que:

$$\Delta L/\Delta C = (\alpha \cdot \Delta t^2/2) / (\delta \cdot \Delta t^2/2)$$

Sabendo-se que o produto dos meios é igual ao produto dos extremos, resulta que:

$$\Delta L/\Delta C = 2\alpha \cdot \Delta t^2/2\delta \cdot \Delta t^2$$

Eliminando os termos em evidência, resulta que:

$$\Delta L/\Delta C = \alpha/\delta$$

Logo, posso afirmar que a razão entre a variação da deformação longitudinal pela variação da deformação lateral é igual ao quociente da aceleração dinamoscópica longitudinal, inversa pela aceleração dinamoscópica lateral.

No parágrafo anterior, demonstrei que a variação da velocidade dinamoscópica longitudinal, inversa pela variação da velocidade dinamoscópica lateral, é igual ao quociente da aceleração dinamoscópica longitudinal, inversa pela aceleração dinamoscópica lateral.

Simbolicamente, o referido enunciado é expresso pela seguinte igualdade:

$$\Delta V/\Delta v = \alpha/\delta$$

Desse modo, igualando convenientemente as duas últimas expressões, resulta que:

$$\Delta L/\Delta C = \Delta V/\Delta v = \alpha/\delta$$

Demonstrei em parágrafos anteriores que a constante de Leandro é igual ao quociente da variação da deformação longitudinal, inversa pela variação da deformação lateral.

Simbolicamente, o referido enunciado é expresso pela seguinte relação:

$$\mu = \Delta L/\Delta C$$

Então, igualando convenientemente as duas últimas expressões, resulta que:

$$\mu = \Delta L/\Delta C = \Delta V/\Delta v = \alpha/\delta$$

Logo, posso afirmar que a constante de Leandro é igual ao quociente da variação da velocidade dinamoscópica longitudinal, inversa pela velocidade dinamoscópica lateral. Simbolicamente, o referido enunciado é expresso pela seguinte relação:

$$\mu = \Delta V/\Delta v$$

Também, posso afirmar que a constante de Leandro é igual ao quociente da aceleração dinamoscópica longitudinal, inversa pela aceleração dinamoscópica lateral.

O referido enunciado é expresso simbolicamente pela seguinte relação:

$$\mu = \alpha/\delta$$

12. Quantidade Elástica e o Movimento Variado

Em parágrafos anteriores demonstrei que a quantidade elástica longitudinal de um corpo dinamoscópico perfeitamente elástico é igual ao quociente da variação da intensidade de força em produto com a variação da deformação por contração lateral, inversa pela constante de Leandro.

O referido enunciado é expresso simbolicamente pela seguinte relação:

$$Q = \Delta F \cdot \Delta C/\mu$$

Demonstrei que a constante de Leandro é igual ao quociente da variação da velocidade dinamoscópica longitudinal, inversa pela velocidade dinamoscópica lateral. Simbolicamente, o referido enunciado é expresso pela seguinte relação:

$$\mu = \Delta V/\Delta v$$

Igualando convenientemente as duas últimas expressões, obtém-se que:

$$Q = (\Delta F \cdot \Delta C/1) / (\Delta V/\Delta v)$$

Sabendo-se que o produto dos meios é igual ao produto dos extremos, então, conclui-se que:

$$Q = \Delta F \cdot \Delta C \cdot \Delta v/\Delta V$$

Então, posso afirmar que a quantidade elástica é igual ao quociente da variação da intensidade de força em produto com a variação da deformação lateral multiplicada pela variação da velocidade dinamoscópica lateral, inversa pela variação da velocidade dinamoscópica longitudinal.

Demonstrei também que a constante de Leandro é igual ao quociente da aceleração dinamoscópica longitudinal, inversa pela aceleração dinamoscópica lateral.

O referido enunciado é expresso simbolicamente pela seguinte relação:

$$\mu = \alpha/\delta$$

Então, igualando novamente a equação da quantidade elástica com a equação da última relação, resulta que:

$$Q = (\Delta F \cdot \Delta C/1) / (\alpha/\delta)$$

Sabe-se que o produto dos meios é igual ao produto dos extremos, portanto, resulta que:

$$Q = \Delta F \cdot \Delta C \cdot \delta/\alpha$$

Logo, posso afirmar que a quantidade elástica é igual ao quociente da variação da intensidade de força em produto com a variação da contração lateral multiplicada pela aceleração dinamoscópica lateral, inversa pela aceleração dinamoscópica longitudinal.

Em outros parágrafos demonstrei que a quantidade elástica de um corpo dinamoscópico é igual ao quociente do quadrado da variação da deformação lateral, inversa pela intensidade elástica longitudinal em produto com o quadrado da constante de Leandro.
Simbolicamente, o referido enunciado é expresso pela seguinte relação:

$$Q = \Delta C^2/i \cdot \mu^2$$

Posso afirmar que o quadrado da constante de Leandro é igual ao quociente do quadrado da variação da velocidade dinamoscópica longitudinal, inversa pelo quadrado da variação da velocidade dinamoscópica lateral.
O referido enunciado é expresso simbolicamente pela seguinte relação:

$$\mu^2 = \Delta V^2/\Delta v^2$$

Substituindo convenientemente as duas últimas expressões, resulta que:

$$Q = (\Delta C^2/1) / (i \cdot \Delta V^2/\Delta v^2)$$

Sabendo-se que o produto dos meios é igual ao produto dos extremos, conclui-se que:

$$Q = \Delta C^2 \cdot \Delta v^2/i \cdot \Delta V^2$$

Portanto, posso afirmar que a quantidade elástica é igual ao quociente do quadrado da variação da deformação lateral em produto com o quadrado da variação da velocidade dinamoscópica lateral, inversa pela intensidade elástica longitudinal em produto com o quadrado da variação da velocidade dinamoscópica longitudinal.

É possível afirmar que o quadrado da constante de Leandro é igual ao quociente do quadrado da aceleração dinamoscópica longitudinal, inversa pelo quadrado da aceleração dinamoscópica lateral.

Simbolicamente, o referido enunciado é expresso pela seguinte relação:

$$\mu^2 = \alpha^2/\delta^2$$

Então, substituindo a equação da quantidade elástica com a última relação, resulta que:

$$Q = (\Delta C^2/1) / (i \cdot \alpha^2/\delta^2)$$

Sabendo-se que os produtos dos meios são absolutamente iguais aos produtos dos extremos, resulta que:

$$Q = \Delta C^2 \cdot \delta^2/i \cdot \alpha^2$$

Portanto, posso afirmar que a quantidade elástica é igual ao quociente do quadrado da variação da deformação lateral em produto com o quadrado da aceleração dinamoscópica lateral, inversa pela intensidade elástica longitudinal em produto com o quadrado da aceleração dinamoscópica longitudinal.

13. Energia Dinamoscópica e o Movimento Variado

Em outros capítulos demonstrei que a energia dinamoscópica é igual à metade da quantidade elástica. Simbolicamente, o referido enunciado é expresso pela seguinte relação:

$$E = Q/2 \qquad (I)$$

Demonstrei que a quantidade elástica de um corpo dinamoscópico é igual ao quociente da variação da intensidade de força em produto com a variação da deformação lateral multiplicada pela variação da velocidade dinamoscópica lateral, inversa pela variação da velocidade dinamoscópica longitudinal. Simbolicamente, o referido enunciado é expresso por:

$$Q = \Delta F \cdot \Delta C \cdot \Delta v / \Delta V$$

Então, substituindo convenientemente a referida equação com a relação (I), resulta que:

$$E = \Delta F \cdot \Delta C \cdot \Delta v / 2 \Delta V$$

Então, conclui-se que a energia dinamoscópica de um corpo perfeitamente elástico é igual ao quociente da variação da intensidade de força em produto com a variação da deformação lateral multiplicada pela variação da velocidade dinamoscópica lateral, inversa pelo dobro da variação da velocidade dinamoscópica longitudinal.

Demonstrei que a quantidade elástica de um corpo dinamoscópico perfeitamente elástico é igual ao quociente da variação da intensidade de força em produto com a variação da deformação lateral multiplicada pela aceleração dinamoscópica lateral, inversa pela aceleração dinamoscópica longitudinal.

Simbolicamente, o referido enunciado é expresso pela seguinte relação:

$$Q = \Delta F . \Delta C . \delta/\alpha$$

Desse modo, substituindo convenientemente a referida expressão com a relação (I), resulta que:

$$E = \Delta F . \Delta C . \delta/2\alpha$$

Logo, posso afirmar que a energia elástica de um corpo dinamoscópico é igual ao quociente da variação da intensidade de força multiplicada pela variação da deformação lateral em produto com a aceleração dinamoscópica lateral, inversa pelo dobro da aceleração dinamoscópica longitudinal.

Demonstrei que a quantidade elástica de um corpo dinamoscópico perfeitamente elástico é igual ao quociente do quadrado da variação da deformação lateral em produto com o quadrado da variação da velocidade dinamoscópica lateral, inversa pela intensidade elástica linear em produto com o quadrado da variação da velocidade dinamoscópica.

Simbolicamente, o referido enunciado é expresso pela seguinte relação:

$$Q = \Delta C^2 . \Delta v^2/i . \Delta V^2$$

Logo, substituindo convenientemente a referida expressão com a relação (I), resulta que:

$$E = \Delta C^2 \cdot \Delta v^2/2i \cdot \Delta V^2$$

Desse modo, posso afirmar que a energia elástica de um corpo dinamoscópico é igual ao quociente do quadrado da variação de deformação lateral em produto com o quadrado da velocidade dinamoscópica lateral, inversa pelo dobro da intensidade elástica linear em produto com o quadrado da velocidade dinamoscópica longitudinal.

No parágrafo anterior demonstrei que a quantidade elástica de um corpo dinamoscópico é igual ao quociente do quadrado da variação da deformação lateral em produto com o quadrado da aceleração dinamoscópica lateral, inversa pela intensidade elástica linear em produto com o quadrado da aceleração dinamoscópico longitudinal.

Simbolicamente, o referido enunciado é expresso pela seguinte relação:

$$Q = \Delta C^2 \cdot \delta^2/i \cdot \alpha^2$$

Então, substituindo a referida expressão com a relação (I), vem que:

$$E = \Delta C^2 \cdot \delta^2/2i \cdot \alpha^2$$

Portanto, posso afirmar que a energia elástica de um corpo dinamoscópico perfeitamente elástico e igual ao quociente do quadrado da variação da deformação lateral multiplicada pelo quadrado da variação da deformação lateral, inversa pelo dobro da intensidade elástica linear em produto com o quadrado da aceleração dinamoscópica longitudinal.

14. Constante de Leandro e as Relações da Deformação Variada

Em parágrafos anteriores afirmei que a constante de Leandro é igual ao quociente da variação da deformação lateral, inversa pela intensidade elástica longitudinal em produto com a variação da intensidade de força.

Simbolicamente, o referido enunciado é expresso por:

$$\mu = \Delta C/i \cdot \Delta F$$

Demonstrei que a constante de Leandro é igual ao quociente da variação da velocidade dinamoscópica longitudinal, inversa pela variação da velocidade dinamoscópica lateral. O referido enunciado é expresso simbolicamente pela seguinte relação:

$$\mu = \Delta V/\Delta v$$

Igualando convenientemente as duas últimas expressões, obtém-se que:

$$\Delta V/\Delta v = \Delta C/i \cdot \Delta F$$

Arranjando convenientemente a referida igualdade, obtém-se que:

$$\Delta V = \Delta C \cdot \Delta v/i \cdot \Delta F$$

Logo, conclui-se que a velocidade dinamoscópica longitudinal é igual ao quociente da variação da deformação por contração lateral em produto com a variação da velocidade dinamoscópica lateral, inversa pela intensidade elástica linear em produto com a variação da intensidade de força imprimida longitudinalmente ao corpo dinamoscópico.

15. A Segunda Lei da Deformação Linear e a Constante de Leandro

Demonstrei que a constante de Leandro é igual ao quociente da variação da deformação lateral, inversa pelo coeficiente de deformação linear, multiplicado pelo comprimento longitudinal inicial do corpo dinamoscópico em produto com a variação da intensidade de força imprimida no corpo dinamoscópico.

O referido enunciado é expresso simbolicamente pela seguinte relação:

$$\mu = \Delta C/h \cdot L_0 \cdot \Delta F \quad \text{(I)}$$

Demonstrei também que a constante de Leandro é igual ao quociente da variação da velocidade dinamoscópica longitudinal, inversa pela variação da velocidade dinamoscópica lateral. Simbolicamente, o referido enunciado é expresso pela seguinte relação:

$$\mu = \Delta V/\Delta v$$

Igualando covenientemente as duas últimas expressões, conclui-se que:

$$\Delta V/\Delta v = \Delta C/h \cdot L_0 \cdot \Delta F$$

Dessa maneira, resulta que:

$$\Delta F = \Delta C \cdot \Delta v/h \cdot L_0 \cdot \Delta V$$

Logo, posso afirmar que a variação da intensidade de força imprimida em um corpo dinamoscópico é igual ao quociente da variação da deformação lateral em produto com a variação da velocidade dinamoscópica lateral, inversa pelo coeficiente de deformação linear em produto com o comprimento inicial longitudinal do corpo dinamoscópico multiplicado pela variação da velocidade dinamoscópica longitudinal.

Cheguei a demonstrar que a constante de Leandro é igual ao quociente da aceleração dinamoscópica longitudinal, inversa pela aceleração dinamoscópica lateral.

Simbolicamente, o referido enunciado é expresso pela seguinte relação:

$$\mu = \alpha/\delta$$

Assim, substituindo a referida expressão com a relação (I), resulta que:

$$\alpha/\delta = \Delta C/h \cdot L_0 \cdot \Delta F$$

Dessa forma resulta que:

$$\Delta F = \Delta C \cdot \delta/h \cdot L_0 \cdot \alpha$$

Isso permite afirmar que a variação da intensidade de força imprimida longitudinalmente em um corpo dinamoscópico é igual ao quociente da variação da deformação lateral em produto com a aceleração dinamoscópica lateral, inversa pelo coeficiente de deformação linear em produto com o comprimento inicial longitudinal do corpo dinamoscópico multiplicado pela aceleração dinamoscópica longitudinal.

16. Terceira Lei da Deformação Linear e a Constante de Leandro

Em capítulos anteriores demonstrei que o inverso da constante de Leandro é igual ao quociente da característica dinamoscópica linear multiplicada pelo comprimento inicial longitudinal do corpo dinamoscópico em produto com a variação da intensidade de força imprimida no corpo dinamoscópico, inversa pela área inicial da seção transversal em produto com a variação da deformação lateral.

O referido enunciado é expresso simbolicamente pela seguinte relação:

$$1/\mu = \eta \cdot L_0 \cdot \Delta F/A_0 \cdot \Delta C \qquad (I)$$

Porém, demonstrei que a constante de Leandro é igual ao quociente da variação da velocidade dinamoscópica longitudinal, inversa pela velocidade dinamoscópica lateral.

Simbolicamente, o referido enunciado é expresso pela seguinte relação:

$$\mu = \Delta V/\Delta v$$

Substituindo convenientemente as duas últimas expressões, obtém-se que:

$$(1/1) / (\Delta V/\Delta v) = \eta \cdot L_0 \cdot \Delta F/A_0 \cdot \Delta C$$

Sabendo-se que os produtos dos meios são iguais aos produtos dos extremos, conclui-se que:

$$\Delta v/\Delta V = \eta \cdot L_0 \cdot \Delta F/A_0 \cdot \Delta C$$

Reajustando convenientemente a referida igualdade, resulta que:

$$\Delta v = \eta \cdot L_0 \cdot \Delta F \cdot \Delta V/A_0 \cdot \Delta C$$

Logo posso concluir que a variação velocidade dinamoscópica lateral é igual ao quociente da característica dinamoscópica linear em produto com o comprimento inicial da seção longitudinal multiplicada pela variação da intensidade de força imprimida longitudinalmente em produto com a variação da velocidade dinamoscópica longitudinal, inversa pela área inicial da seção transversal do corpo dinamoscópico em produto com a variação da deformação lateral.

Em parágrafos anteriores afirmei que a constante de Leandro é igual ao quociente da aceleração dinamoscópica longitudinal, inversa pela aceleração dinamoscópica lateral. Simbolicamente, o referido enunciado é expresso pela seguinte relação:

$$\mu = \alpha/\delta$$

Substituindo convenientemente a referida expressão com a relação (I) do presente parágrafo, resulta que:

$$(1/1) / (\alpha/\delta) = \eta \cdot L_0 \cdot \Delta F/A_0 \cdot \Delta C$$

Sabe-se que os produtos dos meios são iguais aos produtos dos extremos, então, vem que:

$$\delta/\alpha = \eta \cdot L_0 \cdot \Delta F/A_0 \cdot \Delta C$$

Logo, resulta:

$$\delta = \eta \cdot L_0 \cdot \Delta F \cdot \alpha/A_0 \cdot \Delta C$$

Isso permite afirmar que a aceleração dinamoscópica lateral é igual ao quociente da característica dinamoscópica linear em produto com o comprimento inicial de seção longitudinal multiplicada pela variação da intensidade de força imprimida no corpo dinamoscópico multiplicada pela aceleração dinamoscópica linear, inversa pela área inicial da seção transversal em produto com a variação da deformação lateral.

17. Constante de Leandro e a Intensidade Elástica Lateral

Demonstrei sem deixar margem de dúvidas que a constante de Leandro é igual ao quociente da intensidade elástica lateral, inversa pela intensidade elástica linear de um corpo dinamoscópico perfeitamente elástico.

O referido enunciado é expresso simbolicamente pela seguinte relação:

$$\mu = a/i$$

Afirmei que a constante de Leandro é igual ao quociente da variação da velocidade dinamoscópica linear, inversa pela velocidade dinamoscópica lateral.

Simbolicamente, o referido enunciado é expresso pela seguinte relação:

$$\mu = \Delta V/\Delta v$$

Igualando convenientemente as duas últimas expressões, obtém-se:

$$\Delta V/\Delta v = a/i$$

Logo, posso escrever que:

$$i = a \cdot \Delta v/\Delta V \qquad (I)$$

Isso permite afirmar que a intensidade elástica linear é igual ao quociente da intensidade elástica lateral em produto com a variação da velocidade dinamoscópica lateral, inversa pela variação da velocidade dinamoscópica longitudinal.

Cheguei a demonstrar a razão existente entre a variação da velocidade dinamoscópica lateral pela variação da velocidade dinamoscópica longitudinal é igual ao quociente da aceleração dinamoscópica lateral, inversa pela aceleração dinamoscópica longitudinal.

Simbolicamente, o referido enunciado é expresso pela seguinte igualdade:

$$\Delta v / \Delta V = \delta / \alpha$$

Então, substituindo convenientemente as duas últimas expressões, resulta que:

$$i = a \cdot \delta / \alpha \qquad (II)$$

Isso permite concluir que a intensidade elástica linear é igual ao quociente da intensidade elástica lateral em produto com a aceleração dinamoscópica lateral, inversa pela aceleração dinamoscópica longitudinal.

Em capítulos anteriores demonstrei que a intensidade elástica linear de um corpo dinamoscópico perfeitamente elástico é igual à característica dinamoscópica multiplicada pelo comprimento inicial do corpo dinamoscópico inverso pela área inicial da seção transversal.

Simbolicamente, o referido enunciado é expresso pela seguinte relação:

$$i = \eta \cdot L_0 / A_0 \qquad (III)$$

Substituindo convenientemente as duas últimas expressões, resulta que:

$$a \cdot \delta / \alpha = \eta \cdot L_0 / A_0$$

Assim, isolando convenientemente a intensidade elástica lateral, obtém-se que:

$$a = \eta \cdot L_0 \cdot \alpha/A_0 \cdot \delta$$

Isso permite afirmar que a intensidade elástica lateral é igual à característica dinamoscópica em produto com o comprimento inicial do corpo dinamoscópico multiplicada pela aceleração dinamoscópica longitudinal, inversa pela área inicial da seção transversal multiplicada pela aceleração dinamoscópica lateral.

Substituindo convenientemente as expressões (I) e (III), obtém-se que:

$$a \cdot \Delta v/\Delta V = \eta \cdot L_0/A_0$$

Isolando convenientemente a intensidade elástica lateral, obtém-se a seguinte relação:

$$a = \eta \cdot L_0 \cdot \Delta V/A_0 \cdot \Delta v$$

Logo posso concluir que a intensidade elástica lateral é igual à característica dinamoscópica multiplicada pelo comprimento inicial do corpo dinamoscópico em produto com a variação da velocidade dinamoscópica longitudinal, inversa pela área inicial da seção transversal em produto com a variação da velocidade dinamoscópica lateral.

Demonstrei largamente que a intensidade elástica linear é igual ao quociente da variação da deformação longitudinal, inversa pela variação da intensidade de força imprimida no corpo dinamoscópico.

Simbolicamente, o referido enunciado é expresso pela seguinte relação:

$$i = \Delta L/\Delta F \qquad (IV)$$

Igualando convenientemente as expressões (IV) e (I), obtém-se:

$$a \cdot \Delta v/\Delta V = \Delta L/\Delta F$$

$$\Delta L = a \cdot \Delta v \cdot \Delta F/\Delta V$$

Isso permite afirmar que a variação da deformação longitudinal é igual à intensidade elástica lateral em produto com a variação da velocidade dinamoscópica lateral multiplicada pela variação da intensidade de força, inversa pela variação da velocidade dinamoscópica longitudinal.

E substituindo convenientemente as expressões (II) e (IV), obtém-se que:

$$a \cdot \delta/\alpha = \Delta L/\Delta F$$

Isolando a variação da deformação longitudinal, resulta que:

$$\Delta L = a \cdot \delta \cdot \Delta F/\alpha$$

Logo posso concluir que a variação da deformação longitudinal de um corpo dinamoscópico perfeitamente elástico é igual ao quociente da intensidade elástica lateral em produto com a aceleração dinamoscópica lateral multiplicada pela variação da intensidade de força, inversa pela aceleração dinamoscópica longitudinal.

18. Fluxão Dinamoscópica Longitudinal

Demonstrei largamente na Cinelástica que a fluxão dinamoscópica é igual ao quociente da variação do fluxo dinamoscópico, inverso pela variação de tempo decorrido no processamento da deformação de um corpo dinamoscópico perfeitamente elástico.

Simbolicamente, o referido enunciado é caracterizado pela seguinte relação:

$$\Omega = \Delta\phi/\Delta t$$

Sabe-se que a aceleração dinamoscópica é igual ao quociente da variação da velocidade dinamoscópica linear, inversa pela variação de tempo decorrido no processamento de deformação de um corpo dinamoscópico.

O referido enunciado é expresso simbolicamente pela seguinte relação:

$$\alpha = \Delta V/\Delta t$$

Igualando convenientemente as duas últimas expressões, obtém-se que:

$$\Delta\phi/\Omega = \Delta V/\alpha$$

Porém, demonstrei em outra parte do presente capítulo que o quociente da variação da velocidade dinamoscópica longitudinal, inversa pela aceleração dinamoscópica longitudinal é igual à razão existente entre a variação da velocidade dinamoscópica lateral pela aceleração dinamoscópica lateral.

Simbolicamente, o referido enunciado é expresso pela seguinte relação:

$$\Delta V/\alpha = \Delta v/\delta$$

Igualando convenientemente as duas últimas expressões, obtém-se que:

$$\Delta\phi/\Omega = \Delta V/\alpha = \Delta v/\delta$$

Considerando apenas a seguinte igualdade:

$$\Delta\phi/\Omega = \Delta v/\delta$$

Demonstrei que a variação da velocidade dinamoscópica lateral é igual ao quociente da variação da velocidade dinamoscópica longitudinal, inversa pela constante de Leandro. Simbolicamente, o referido enunciado é expresso pela seguinte relação:

$$\Delta v = \Delta V/\mu$$

Substituindo convenientemente as duas últimas expressões, obtém-se que:

$$\Delta\phi/\Omega = (\Delta V/\mu) / (\delta/1)$$

Sabendo que os produtos dos meios são iguais aos produtos dos extremos, então, resulta que:

$$\Delta\phi/\Omega = \Delta V/\mu \cdot \delta$$

Isolando convenientemente as três constantes, resulta que:

$$\Delta\phi/\Delta V = \Omega/\mu \cdot \delta$$

Isso permite afirmar que a razão existente entre a variação do fluxo dinamoscópico longitudinal, pela variação da velocidade dinamoscópica longitudinal é igual ao quociente da fluxão dinamoscópica longitudinal, inversa pela constante de Leandro multiplicada pela aceleração dinamoscópica lateral.
A referida equação pode ser escrita da seguinte forma:

$$\mu = \Delta V \cdot \Omega/\Delta\phi \cdot \delta$$

Em outra parte do presente capítulo, demonstrei que a constante de Leandro é igual ao quociente da variação da velocidade dinamoscópica longitudinal, inversa pela variação da velocidade dinamoscópica lateral.
Simbolicamente, o referido enunciado é expresso pela seguinte relação:

$$\mu = \Delta V/\Delta v$$

Igualando convenientemente as duas últimas expressões, obtém-se que:

$$\Delta V/\Delta v = \Delta V . \Omega/\Delta\phi . \delta$$

Demonstrei que a razão entre a variação da velocidade dinamoscópica longitudinal pela velocidade dinamoscópica lateral é igual a razão existente entre a aceleração dinamoscópica longitudinal peal aceleração dinamoscópica lateral que por sua vez é igual ao quociente da variação da deformação longitudinal, inversa pela variação da deformação lateral.
Simbolicamente, o referido enunciado é expresso pela seguinte igualdade:

$$\Delta V/\Delta v = \alpha/\delta = \Delta L/\Delta C$$

Igualando convenientemente as duas últimas expressões, resulta que:

$$\Delta V . \Omega/\Delta\phi . \delta = \Delta V/\Delta v = \alpha/\delta = \Delta L/\Delta C$$

19. Fluxão Dinamoscópica Lateral

Em minha Cinelástica, demonstrei que o movimento variado de uma deformação, é caracterizado por apresentar uma fluxão dinamoscópica constante com o decorrer do tempo.

Demonstrei que a fluxão dinamoscópica longitudinal é igual ao quociente da variação do fluxo dinamoscópico, inverso pela variação de tempo decorrido no processamento da deformação.

O referido enunciado é simbolicamente caracterizado pela seguinte relação:

$$\Omega = \Delta\phi/\Delta t$$

Pelo princípio de Leandro na deformação simultânea, posso afirmar que, quando um corpo dinamoscópico sofre uma deformação linear, aparece uma deformação lateral e, logicamente se a deformação longitudinal apresenta um fluxo e uma fluxão dinamoscópica longitudinal, então, posso afirmar que a deformação lateral apresenta um fluxo e uma fluxão dinamoscópica lateral.

Dessa maneira, posso afirmar que a fluxão dinamoscópica lateral é igual ao quociente da variação do fluxo dinamoscópico lateral, inverso pela variação de tempo.

Simbolicamente, o referido enunciado é expresso pela seguinte relação:

$$\xi = \Delta\omega/\Delta t$$

Porém, a variação do intervalo de tempo em que se processa o fluxo e a fluxão dinamoscópica longitudinal corresponde absolutamente ao intervalo de tempo em que se processa o fluxo e a fluxão dinamoscópica lateral.

O referido enunciado permite escrever que:

$$\Delta t_c = \Delta t_t$$

Igualando convenientemente as duas últimas expressões, resulta que:

$$\Delta\phi/\Omega = \Delta\omega/\xi$$

Reescrevendo a referida equação, obtém-se que:

$$\Delta\omega = \Delta\phi \cdot \xi/\Omega$$

Isso permite afirmar que a variação do fluxo dinamoscópico lateral é igual ao quociente da variação do fluxo dinamoscópico longitudinal em produto com a fluxão dinamoscópica lateral, inversa pela fluxão dinamoscópica longitudinal.

Relacionando a velocidade dinamoscópica lateral e longitudinal com os fluxos dinamoscópicos lateral e longitudinal, obtém-se a seguinte igualdade:

$$\Delta\phi/\Omega = \Delta\omega/\xi = \Delta v/\delta = \Delta V/\alpha$$

As referidas igualdades provam sem margem de dúvidas o fabuloso princípio da correspondência que tive a honra de estabelecer no presente livro.

A partir de agora, vou procurar trabalhar com a relação que traduz o fluxo dinamoscópico lateral e com a relação que traduz a variação da velocidade dinamoscópica lateral.

$$\Delta\omega/\xi = \Delta v/\delta$$

Em outra parte do presente capítulo demonstrei que a variação da velocidade dinamoscópica lateral é igual ao quociente da variação da velocidade dinamoscópica longitudinal, inversa pela constante de Leandro.

O referido enunciado é caracterizado pela seguinte relação:

$$\Delta v = \Delta V/\mu$$

Substituindo convenientemente as duas últimas expressões, obtém-se que:

$$\Delta\omega/\xi = (\Delta V/\mu) / (\delta/1)$$

Sabe-se que os produtos dos meios são absolutamente iguais aos produtos dos extremos; então se obtém o seguinte resultado:

$$\Delta\omega/\xi = \Delta V/\delta \cdot \mu$$

Isolando convenientemente a constante de Leandro, obtém-se que:

$$\mu = \xi \cdot \Delta V/\delta \cdot \Delta\omega$$

Logo, posso concluir que a constante de Leandro é igual ao quociente da fluxão dinamoscópica lateral em produto com a variação da velocidade dinamoscópica longitudinal, inversa pela aceleração dinamoscópica lateral em produto com a variação do fluxo dinamoscópico lateral.

Demonstrei largamente que a constante de Leandro é igual ao quociente da variação da velocidade dinamoscópica longitudinal, inversa pela variação da velocidade dinamoscópica lateral, e igual ao quociente da aceleração dinamoscópica longitudinal, inversa pela aceleração dinamoscópica lateral.

Simbolicamente, o referido enunciado é expresso pela seguinte igualdade:

$$\mu = \Delta V/\Delta v = \alpha/\delta$$

Igualando convenientemente as duas últimas expressões, obtém-se que:

$$\Delta V/\Delta v = \alpha/\delta = \Delta V . \xi/\Delta\omega . \delta$$

Em parágrafos anteriores demonstrei que a constante de Leandro é igual ao quociente da variação da contração lateral, inversa pela intensidade elástica linear em produto com a variação da intensidade de força imprimida no corpo dinamoscópico. Simbolicamente, o referido enunciado é expresso pela seguinte relação:

$$\mu = \Delta C/i . \Delta F$$

Igualando convenientemente as duas últimas expressões, obtém-se que:

$$\Delta C/i . \Delta F = \Delta V . \xi/\Delta\omega . \delta$$

Isolando convenientemente a intensidade de força imprimida no corpo dinamoscópico, obtém-se que:

$$\Delta F = \Delta C . \Delta\omega . \delta/\Delta V . \xi . i$$

Isso permite afirmar que a variação da intensidade de força imprimida em um corpo dinamoscópico perfeitamente elástico é igual ao quociente da variação da deformação por contração em produto com a variação do fluxo dinamoscópico lateral multiplicado pela aceleração dinamoscópica lateral, inversa pela variação da velocidade longitudinal em produto com a fluxão dinamoscópica lateral multiplicada pela intensidade elástica lateral.

20. Constante de Leandro e a Fluxão Dinamoscópica Lateral

Demonstrei que a constante de Leandro é igual ao quociente da intensidade elástica lateral, inversa pela intensidade elástica longitudinal.

Simbolicamente, o referido enunciado é expresso pela seguinte relação:

$$\mu = a/i$$

Afirmei também, que a constante de Leandro é igual ao quociente da variação da velocidade dinamoscópica longitudinal em produto com a fluxão dinamoscópica lateral, inversa pela variação do fluxo dinamoscópico lateral em produto com a aceleração dinamoscópica lateral.

O referido enunciado é expresso simbolicamente pela seguinte relação:

$$\mu = \Delta V \cdot \xi/\Delta\omega \cdot \delta$$

Igualando convenientemente as duas últimas expressões, obtém-se que:

$$a/i = \Delta V \cdot \xi/\Delta\omega \cdot \delta$$

Isolando convenientemente a intensidade elástica longitudinal, obtém-se que:

$$i = \Delta\omega \cdot \delta \cdot a/\Delta V \cdot \xi$$

Isso permite afirmar que a intensidade elástica longitudinal é igual ao quociente da variação do fluxo dinamoscópico lateral em produto com a aceleração dinamoscópica lateral multiplicado pela intensidade elástica lateral, inversa pela variação da velocidade dinamoscópica longitudinal em produto com a fluxão dinamoscópica lateral.

Demonstrei em capítulos anteriores que a intensidade elástica linear é igual à característica dinamoscópica multiplicada pelo comprimento inicial longitudinal do corpo dinamoscópico, inverso pela área inicial da seção transversal do corpo dinamoscópico. Simbolicamente, o referido enunciado é expresso pela seguinte relação:

$$i = \eta \cdot L_0/A_0$$

Igualando convenientemente as duas últimas expressões, obtém-se que:

$$\eta \cdot L_0/A_0 = \Delta\omega \cdot \delta \cdot a/\Delta V \cdot \xi$$

Isolando convenientemente a variação da velocidade dinamoscópica longitudinal, obtém-se que:

$$\Delta V = \Delta\omega \cdot \delta \cdot a \cdot A_0/\xi \cdot \eta \cdot L_0$$

Logo, posso afirmar que a variação da velocidade dinamoscópica longitudinal é igual ao quociente da variação do fluxo dinamoscópico lateral em produto com a aceleração dinamoscópica lateral, multiplicada pela intensidade elástica lateral em produto com a área inicial da seção transversal do corpo dinamoscópico, inverso pela fluxão dinamoscópica em produto com a característica dinamoscópica multiplicado pelo comprimento inicial longitudinal do corpo dinamoscópico.

CAPÍTULO VIII
Força Lateral

1. Introdução

As experiências largamente realizadas no campo das deformações laterais demonstram que ao imprimir longitudinalmente, uma intensidade de força em um corpo dinamoscópico perfeitamente elástico, este passa a sofrer uma deformação linear ao mesmo tempo em que sofre uma deformação lateral.

Quando essa força é impressa na direção longitudinal e a deformação resultante é uma tração; as suas dimensões transversais diminuem em todos os sentidos. E quando essa intensidade de força for impressa na direção longitudinal e a deformação resultante linearmente é uma compressão, então, as suas dimensões laterais se expandem em todos os sentidos.

Em ambos os casos, as referidas deformações, somente voltarão ao seu estado inicial, quando a intensidade de força deixar de atuar sobre o corpo dinamoscópico.

Quanto maior for a intensidade de força imprimida longitudinalmente ao corpo dinamoscópico, tanto maior será a deformação linear e maior será a deformação lateral.

Esse fenômeno sugere a existência de uma igualdade entre forças laterais e forças longitudinais.

Desse modo, quando um corpo dinamoscópico perfeitamente elástico sofre uma deformação por tração, ele também apresenta uma deformação caracterizada pela contração lateral. E embora a intensidade de força seja impressa no extremo da seção longitudinal do corpo dinamoscópico, ocorre também, o aparecimento de uma intensidade de força elástica lateral, que resulta no processamento da deformação lateral.

À medida que a intensidade de força imprimida longitudinalmente sofre uma variação, a deformação linear também sofre uma variação. Assim, à medida que, lateralmente, o corpo dinamoscópico vai se contraindo a intensidade de força elástica lateral também vai sofrendo uma variação. Como a deformação por tração aumenta com o aumento da intensidade de força, então a intensidade de força lateral também aumenta, provocando o aumento da deformação lateral. Isso vem a sugerir que a intensidade de força lateral está diretamente relacionada com a intensidade de força longitudinal. Da maneira como venho fundamentando o presente capítulo, posso afirmar categoricamente que a intensidade de força lateral é igual à intensidade de força longitudinal. Simbolicamente, o referido enunciado é expresso pela seguinte igualdade:

$$\Delta F_l = \Delta F$$

2. Pressão Lateral

Quando se imprime longitudinalmente a um corpo dinamoscópico perfeitamente elástico uma intensidade de força, ele passa a sofrer uma deformação linear seguidamente de uma deformação lateral.

No entanto, ao imprimir lateralmente em toda a extensão de um corpo dinamoscópico, uma intensidade de força de tal forma que a ação dessa força lateral mantenha a deformação original.

Nesse caso posso discutir a existência da ação de uma pressão lateral.

A Física Clássica define a pressão como sendo o quociente da intensidade de força imprimida, inversa pela área sobre a qual essa força está impressa.

Simbolicamente, o referido enunciado é expresso pela seguinte relação:

$$p = F/A$$

Como a pressão é exclusivamente lateral; então, posso afirmar que a área verificada pela ação da força se trata de uma superfície lateral ou área lateral. Considerando que o corpo dinamoscópico é caracterizado por uma figura geométrica de forma cilíndrica; então, a superfície lateral desse corpo dinamoscópico de deformação longitudinal e cujo comprimento da seção transversal é caracterizado por (C), desenvolvida num plano é um retângulo de dimensões (C . π) que vem a corresponder ao comprimento da circunferência da seção transversal e (L) o comprimento total do corpo dinamoscópico.

Portanto, a sua área total lateral é igual ao valor de (π) multiplicado pelo comprimento da seção transversal em produto com o comprimento longitudinal.

Simbolicamente, o referido enunciado é expresso pela seguinte equação:

$$A = \pi \cdot C \cdot L$$

Porém, em meus estudos interessa também a variação da deformação da área lateral.

Nesse caso posso afirmar diretamente que a variação da área lateral é igual ao valor de (π) multiplicado pela variação da deformação linear.

Simbolicamente, o referido enunciado é expresso pela seguinte equação:

$$\Delta A = \pi \cdot \Delta C \cdot \Delta L$$

Essa é a expressão que caracteriza a área lateral de um corpo dinamoscópico, cuja forma geométrica é a de um cilindro circular reto.

Logo, a variação da pressão exercida lateralmente pelo referido corpo dinamoscópico é igual ao quociente da variação da intensidade de força, inversa pelo valor de (π) em produto com a variação da deformação lateral multiplicada pela variação da deformação linear.

Simbolicamente, o referido enunciado é caracterizado pela seguinte relação:

$$\Delta p = \Delta F/\pi . \Delta C . \Delta L$$

Porém, demonstrei que a variação da deformação lateral é igual à intensidade elástica lateral em produto com a variação da intensidade de força.

O referido enunciado é expresso simbolicamente pela seguinte equação de Leandro:

$$\Delta C = a . \Delta F$$

Então, substituindo convenientemente as duas últimas expressões, resulta que:

$$\Delta p = \Delta F/\pi . a . \Delta F . \Delta L \quad (X)$$

Eliminando os termos em evidência, resulta que:

$$\Delta p = 1/\pi . a . \Delta L$$

Dessa maneira, posso afirmar que a variação da pressão lateral é igual ao inverso do valor de (π) em produto com a intensidade elástica lateral multiplicada pela variação da deformação linear.

Demonstrei que a quantidade elástica de um corpo dinamoscópico perfeitamente elástico é igual à variação da intensidade de força em produto com a variação da deformação linear.
Simbolicamente, o referido enunciado é caracterizado por:

$$Q = \Delta F \cdot \Delta L$$

Então, substituindo convenientemente com a expressão (X), resulta que:

$$\Delta p = \Delta F/\pi \cdot a \cdot Q$$

Assim, posso afirmar que a variação da pressão lateral é igual ao quociente da variação da intensidade de força inversa pelo valor de (π) multiplicado pela intensidade elástica lateral em produto com a quantidade elástica conservada pelo corpo dinamoscópico.

Em capítulos anteriores, demonstrei que a energia elástica de um corpo dinamoscópico perfeitamente elástico é igual à metade da quantidade elástica.
Simbolicamente, o referido enunciado é expresso pela seguinte relação:

$$E = Q/2$$

Substituindo convenientemente as duas últimas expressões, resulta que:

$$\Delta p = \Delta F/\pi \cdot a \cdot 2E$$

Isso permite afirmar que a variação da pressão lateral exercida por um corpo dinamoscópico com geometria de um cilindro circular reto é igual ao quociente da variação da intensidade de força, inversa pelo valor de (π) em produto com o dobro da intensidade elástica multiplicada pela energia armazenada pelo referido corpo dinamoscópico.

A área lateral total de um corpo dinamoscópico é expressa por:

$$A = \pi \cdot C \cdot L$$

Nesse caso, a pressão lateral exercida por essa superfície é igual ao quociente da intensidade de força imprimida do corpo dinamoscópico, inversa pelo valor de (π) em produto com o comprimento da seção transversal multiplicada pela seção longitudinal.

Simbolicamente, o referido enunciado é expresso por:

$$p = F/\pi \cdot C \cdot L$$

Porém, em outros parágrafos demonstrei que o comprimento da seção transversal de um corpo dinamoscópico perfeitamente elástico é igual ao seu comprimento lateral inicial adicionado com a intensidade elástica lateral em produto com a intensidade de força imprimida ao corpo dinamoscópico.

O referido enunciado é expresso pela seguinte equação:

$$C = C_0 + a \cdot F$$

Substituindo convenientemente as duas últimas expressões, resulta que:

$$p = F/\pi \cdot L \cdot C_0 + a \cdot F$$

Isso permite afirmar que a pressão lateral é igual ao quociente da intensidade de força e inversa pelo valor de (π) multiplicado pelo comprimento longitudinal total do corpo dinamoscópico em produto com o comprimento inicial da seção transversal adicionada com o produto entre a intensidade elástica lateral e a intensidade de força.

Em muitos casos é interessante considerar o volume de um corpo dinamoscópico. Nesse caso o volume de um corpo dinamoscópico cilíndrico é igual ao valor de π multiplicado pelo quadrado do comprimento da seção longitudinal, inversa pela constante numérica de valor igual a quatro.

Simbolicamente, o referido enunciado é expresso pela seguinte relação:

$$V = ¼ \pi . C^2 . L$$

Porém, a área lateral de um corpo dinamoscópico é igual ao valor de (π) multiplicado pelo comprimento da seção transversal em produto com o comprimento da seção longitudinal.

Simbolicamente, o referido enunciado é expresso por:

$$A = \pi . C . L$$

Substituindo convenientemente as duas últimas expressões, resulta que:

$$4V = A . C$$

Portanto, vem que:

$$A = 4V/C$$

Isso permite afirmar que a área lateral de um corpo dinamoscópico é igual a quatro vezes o volume de um corpo dinamoscópico, inversa pelo comprimento da seção transversal.

Como a pressão é caracterizada pela seguinte relação:

$$p = F/A$$

Então, substituindo convenientemente as duas últimas expressões, resulta que:

$$p = (F/1) / (4V/C)$$

Sabendo que os produtos dos meios são iguais aos produtos dos extremos, então resulta que:

$$p = F \cdot C/4V$$

Logo, a pressão lateral exercida por um corpo dinamoscópico é igual ao quociente da intensidade de força em produto com o comprimento da seção transversal, inversa pelo produto de quatro vezes o volume assumido pelo corpo dinamoscópico.

Considerando as variações das grandezas que constituem o corpo dinamoscópico, posso afirmar que a variação da pressão lateral exercida pelo referido corpo dinamoscópico é igual ao quociente da variação da intensidade de força em produto com a variação da seção transversal, inversa por quatro vezes a variação do volume do corpo em debate.

Simbolicamente, o referido enunciado é expresso pela seguinte relação:

$$\Delta p = \Delta F \cdot \Delta C/4\Delta V \qquad (Y)$$

Porém, o produto entre a variação da intensidade de força lateral em produto com a variação da seção transversal é igual à variação da quantidade elástica lateral.

Simbolicamente, o referido enunciado é expresso por:

$$\Delta q = \Delta F \cdot \Delta C$$

Substituindo convenientemente as duas últimas expressões, resulta que:

$$\Delta p = \Delta q / 4\Delta V$$

Logo, posso afirmar que a variação da pressão lateral exercida por um corpo dinamoscópico é igual ao quociente da variação da quantidade elástica lateral, inversa pelo valor de quatro vezes a variação do volume do corpo dinamoscópico.

Sabe-se que a variação da deformação lateral é igual à intensidade elástica lateral, multiplicada pela variação da intensidade de força.

Simbolicamente, o referido enunciado é expresso pela seguinte equação:

$$\Delta C = a \cdot \Delta F$$

Substituindo convenientemente a referida expressão com a relação (Y), resulta que:

$$\Delta p = \Delta F \cdot a \cdot \Delta F / 4\Delta V$$

Logo vem que:

$$\Delta p = a \cdot \Delta F^2 / 4\Delta V$$

Isso permite afirmar que a variação da pressão lateral é igual à intensidade elástica lateral em produto com o quadrado da variação da intensidade de força, inversa pelo valor de quatro vezes a variação de volume do corpo dinamoscópico.

Demonstrei em outros capítulos que o quadrado da variação da intensidade de força é igual ao quociente do quadrado da variação da deformação linear, inversa pelo quadrado da intensidade elástica linear.

Simbolicamente, o referido enunciado é expresso pela seguinte relação:

$$\Delta F^2 = \Delta L^2 / i^2$$

Substituindo convenientemente as duas últimas expressões, resulta que:

$$\Delta p = a \cdot \Delta L^2/4\Delta V \cdot i^2$$

Isso permite afirmar que a variação da pressão lateral é igual ao quociente da intensidade elástica lateral em produto com o quadrado da variação da deformação linear, inversa pelo valor de quatro vezes a variação de volume multiplicado pelo quadrado da intensidade elástica.

Em capítulos anteriores demonstrei que a energia elástica é igual ao quociente do quadrado da variação da deformação linear, inversa pelo dobro da intensidade elástica. Simbolicamente, o referido enunciado é expresso pela seguinte relação:

$$E = \tfrac{1}{2} \cdot \Delta L^2/i$$

Substituindo convenientemente as duas últimas expressões, resulta que:

$$\Delta p = a \cdot \Delta t^2/\Delta V \cdot 2i \cdot 2i$$

Logo vem que:

$$\Delta p = a \cdot E/2i \cdot \Delta V$$

Desse modo, posso afirmar que a variação de pressão lateral de um corpo dinamoscópico perfeitamente elástico é igual ao quociente da intensidade elástica lateral em produto com a energia, inversa pelo dobro da intensidade elástica linear multiplicada pela variação de volume.

Se o corpo dinamoscópico for caracterizado através de uma figura geométrica de um paralelepípedo reto-retângulo, então a área de sua superfície lateral é igual ao dobro do comprimento da seção longitudinal, multiplicada pela adição entre as duas seções transversais que caracterizam o corpo dinamoscópico de tal natureza.

Simbolicamente, o referido enunciado é expresso pela seguinte equação:

$$S = 2L \cdot (C_1 + C_2)$$

A seguinte figura caracteriza um corpo dinamoscópico de geometria de um paralelepípedo reto-retângulo de dimensões (L, C_1 e C_2).

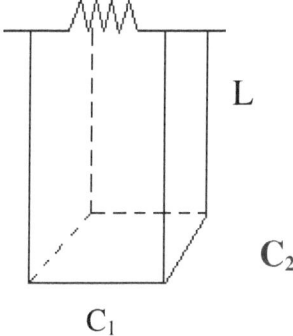

Como a pressão é caracterizada pela seguinte relação:

$$p = F/A$$

Então, substituindo convenientemente as duas últimas expressões, resulta que:

$$p = F/2L \cdot (C_1 + C_2)$$

Logo, posso concluir que a pressão lateral oriunda de um corpo dinamoscópico perfeitamente elástico é igual ao quociente da intensidade de força inversa pelo dobro do comprimento da seção longitudinal em produto com a soma entre as duas dimensões das seções transversais.

Considerando apenas as variações das grandezas, posso afirmar que a variação de pressão lateral é igual ao quociente da variação da intensidade de força imprimida, inversa pelo dobro da variação da deformação linear multiplicada pela soma das variações das dimensões da deformação lateral.

O referido enunciado é expresso simbolicamente pela seguinte relação:

$$\Delta p = \Delta F / 2 \Delta L \cdot (\Delta C_1 + \Delta C_2)$$

Demonstrei que a variação da deformação lateral é igual a intensidade elástica lateral em produto com a variação da intensidade de força.

Simbolicamente, o referido enunciado é expresso pelas seguintes equações:

a) $\Delta C_1 = a_1 \cdot \Delta F$
b) $\Delta C_2 = a_2 \cdot \Delta F$

Substituindo convenientemente as referidas expressões, resulta que:

$$\Delta p = \Delta F / 2 \Delta L \cdot (a_1 \cdot \Delta F + a_2 \cdot \Delta F)$$

Então, resulta que:

$$\Delta p = \Delta F / 2 \Delta L \cdot \Delta F \cdot (a_1 + a_2) \quad (W)$$

Eliminando os termos em evidência, resulta que:

$$\Delta p = 1 / 2 \Delta L \cdot (a_1 + a_2)$$

Isso permite afirmar que a variação da pressão lateral é igual ao inverso do dobro da variação da deformação linear em produto com a soma entre as intensidades elásticas laterais de cada dimensão.

Em outros capítulos demonstrei que a quantidade elástica linear de um corpo dinamoscópico é igual à variação da deformação linear em produto com a variação da intensidade de força.

Simbolicamente, o referido enunciado é expresso por:

$$Q = \Delta L \cdot \Delta F$$

Então, substituindo convenientemente a referida expressão com a relação (W), resulta que:

$$\Delta p = \Delta F/2Q \cdot (a_1 + a_2)$$

Logo, posso concluir que a variação de pressão lateral é igual ao quociente da variação da intensidade de força inversa pelo dobro da quantidade elástica linear em produto com a soma entre as intensidades elástica de cada uma das dimensões transversais.

Em outros capítulos afirmei que a quantidade elástica linear de um corpo dinamoscópico perfeitamente elástico é igual ao dobro da energia elástica linear.

Simbolicamente, o referido enunciado é expresso por:

$$Q = 2E$$

Substituindo convenientemente as duas últimas expressões, resulta que:

$$\Delta p = \Delta F/4E \cdot (a_1 + a_2)$$

Logo, posso afirmar que a variação da pressão lateral é igual ao quociente da variação da intensidade de força, inversa pelo valor de quatro vezes a energia elástica linear em produto com a soma entre as intensidades elásticas laterais de cada uma das dimensões que constituem a seção transversal.

O volume de um corpo dinamoscópico constituído por tal figura geométrica é igual ao comprimento da seção longitudinal em produto com o comprimento das seções transversais das dimensões do corpo dinamoscópico.

Simbolicamente, o referido enunciado é expresso por:

$$V = L \cdot C_1 \cdot C_2$$

Sabe-se que a área lateral de um corpo dinamoscópico constituído por tal figural geométrica é igual ao dobro da seção longitudinal em produto com a adição entre os comprimentos das seções transversais.

Simbolicamente, o referido enunciado é expresso por:

$$A = 2L \cdot (C_1 + C_2)$$

A equação que traduz o volume de um corpo dinamoscópico permite escrever que:

$$L = V/C_1 \cdot C_2$$

Substituindo convenientemente as duas últimas expressões, resulta que:

$$A = 2V \cdot (C_1 + C_2/C_1 \cdot C_2)$$

Isso permite afirmar que a área lateral de um corpo dinamoscópico é igual ao quociente do dobro do volume do referido corpo em produto com a soma entre as dimensões das seções transversais; inversa pelo produto entre as dimensões das seções transversais.

Leandro Bertoldo
Elasticidade – Vol. III – Contração Elástica

Devo chamar a atenção para mostrar que se pode utilizar outra expressão quando se pretende determinar o valor da área superficial de um corpo dinamoscópico com as características geométricas discutida no presente momento. Tem-se então que:

$$C_1 + C_2/C_1 \cdot C_2 = (1/C_1) + (1/C_2)$$

Logo, substituindo convenientemente as duas últimas expressões, resulta que:

$$A = 2V \cdot [(1/C_1) + (1/C_2)]$$

Ou então:

$$A = (2V/C_1) + (2V/C_2)$$

Ou melhor:

$$A = 2 \cdot [(V/C_1) + (V/C_2)]$$

Desse modo, posso afirmar que a área superficial de um corpo dinamoscópico perfeitamente elástico é igual ao dobro do quociente do volume do dito corpo dinamoscópico, inverso pelo comprimento de uma das seções transversais laterais adicionadas com o dobro do referido volume inverso pelo comprimento da seção transversal da outra dimensão do referido corpo dinamoscópico.

Considerando a relação da mecânica clássica que traduz a pressão de um corpo sobre outro; posso escrever que:

$$p = F/A$$

Então, resulta que:

$$p = (F/1) / 2V \cdot (C_1 + C_2/C_1 \cdot C_2)$$

Logo vem que:

$$p = F \cdot C_1 \cdot C_2/2V \cdot (C_1 + C_2)$$

$$p = (F/2V) \cdot (C_1 \cdot C_2/C_1 + C_2)$$

Desse modo, posso afirmar que a pressão lateral de um corpo dinamoscópico perfeitamente elástico e igual ao quociente da intensidade da força multiplicada pelo comprimento de uma das seções transversais em produto com o comprimento da outra seção transversal, inversa pelo dobro do volume multiplicado pela soma entre os comprimentos das seções transversais que constituem o corpo dinamoscópico.

Considerando as variações das grandezas, posso afirmar que a variação da área lateral de um corpo dinamoscópico caracterizado pro uma figura geométrica de um paralelepípedo retoretângulo é igual ao dobro da variação do volume multiplicado pela soma entre as dimensões das seções transversais, inversa pelo produto entre as dimensões das referidas seções transversais. O referido enunciado é expresso simbolicamente pela seguinte equação:

$$\Delta A = 2\Delta V \cdot (\Delta C_1 + \Delta C_2/\Delta C_1 \cdot \Delta C_2)$$

Então, a variação da pressão será expressa por:

$$\Delta p = \Delta F/\Delta A$$

Substituindo convenientemente as duas últimas relações, resulta que:

$$\Delta p = (\Delta F/1) / (2\Delta V \cdot (C_1 + \Delta C_2)/\Delta C_1 + \Delta C_2)$$

Sabendo-se que os produtos dos meios são iguais aos produtos dos extremos, resulta que:

$$\Delta p = (\Delta F/2\Delta V) \cdot (\Delta C_1 \cdot \Delta C_2/\Delta C_1 + \Delta C_2)$$

Isso permite concluir que a variação da pressão lateral é igual ao quociente da variação da intensidade de força exercida pela parede lateral em produto com uma das seções transversais laterais, multiplicada pela outra seção transversal lateral que constituem a dimensão do corpo dinamoscópico em discussão, inversa pelo dobro da variação do volume em produto com a soma entre as variações de deformações das seções laterais.

Demonstrei em outra parte que a variação da deformação lateral é igual à intensidade elástica lateral em produto com a variação da intensidade de força.

Considerando as duas dimensões transversais de um corpo dinamoscópico, então posso escrever simbolicamente que:

a) $\Delta C_1 = a_1 \cdot \Delta F$
b) $\Delta C_2 = a_2 \cdot \Delta F$

Substituindo convenientemente as três últimas expressões, resulta que:

$$\Delta p = (\Delta F/2\Delta V) \cdot (a_1 \cdot \Delta F \cdot a_2 \cdot \Delta F/\Delta C_1 + \Delta C_2)$$

Então, conclui-se que:

$$\Delta p = (\Delta F^3/2\Delta V) \cdot (a_1 \cdot a_2/\Delta C_1 + \Delta C_2)$$

Isso permite afirmar que a variação de pressão lateral é igual ao quociente do cubo da variação da intensidade de força em produto com a intensidade elástica lateral de uma das seções transversais multiplicada pela intensidade elástica lateral da outra seção transversal, inversa pelo dobro da variação do volume em produto com a soma entre as variações da deformação das seções transversais.

Com relação à última expressão pode-se escrever que:

$$\Delta p = \Delta F^3 . a_1 . a_2/2\Delta V . (a_1 . \Delta F + a_2 . \Delta F)$$

Logo resulta que:

$$\Delta p = \Delta F^3 . a_1 . a_2/2\Delta V . \Delta F . (a_1 + a_2)$$

Assim, conclui-se que:

$$\Delta p = (\Delta F^3/2\Delta V) . (a_1.a_2/a_1 + a_2)$$

Desse modo, posso afirmar que a variação da pressão lateral é igual ao quociente do quadrado da variação da intensidade de força multiplicada pelo produto entre as intensidades elásticas laterais das dimensões que constituem a seção transversal, inversa pelo dobro da variação do volume em produto com a soma entre as intensidades elásticas laterais das dimensões que constituem a seção transversal do corpo dinamoscópico.

CAPÍTULO IX
Dinamoscopia da Esfera

1. Introdução

No presente parágrafo me proponho a estudar as deformações de uma esfera perfeitamente elástica, quando a intensidade de força é impressa uniformemente sobre toda a extensão superficial da referida esfera.

Em meus estudos sobre as deformações sofridas por uma esfera perfeitamente elástica, pude verificar que é muito prático trabalhar com as grandezas volumétricas do que lineares ou superficiais.

O estado dinamoscópico de uma esfera perfeitamente elástica é caracterizado pelos valores assumidos por duas grandezas, o volume (V) e a pressão (p), que constituem o que comumente caracterizo por "variáveis de estado dinamoscópico da esfera".

Submetendo uma pequena esfera elástica em um meio líquido de alta pressão, pude observar que o volume e a pressão aplicada sobre a referida esfera são inversamente proporcionais; ou seja, o produto da pressão pelo volume é constante.

Em termos algébricos, posso escrever que:

$$\Delta p \cdot \Delta V = K$$

Onde a constante (K) é conhecida por constante esférica de Leandro.

Considerando dois estado distinto da mesma grandeza, posso escrever que:

$$\Delta p_1 \cdot \Delta V_1 = \Delta p_2 \cdot \Delta V_2$$

Por inversamente proporcional deve-se entender que, se a pressão aumenta, o volume da esfera decresce na mesma proporção e vice-versa.

A última relação é chamada "Lei de Leandro", em homenagem ao físico que a descobriu.

A lei de Leandro para a esfera pode ser representa por um diagrama onde, no eixo das ordenadas, figuram as pressões e, no eixo das abscissas, os volumes; esse diagrama é denominado "diagrama de Leandro".

O diagrama de Leandro para a deformação da esfera é representado por uma "hipérbole equilátera".

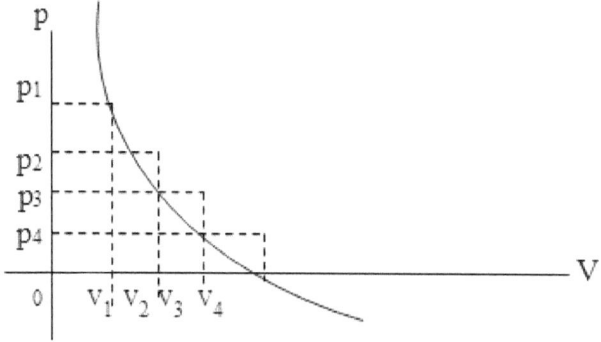

A área da superfície de uma esfera é igual a quatro vezes o valor de (π) multiplicada pelo quadrado do raio da referida esfera. Considerando que o diâmetro de uma esfera é igual ao dobro do raio; então posso afirmar que a área que constitui a superfície de uma esfera é igual ao valor de (π) vezes o quadrado do diâmetro da dita esfera.

Simbolicamente, o referido enunciado é expresso pela seguinte equação:

$$A = \pi \cdot D^2$$

Leandro Bertoldo
Elasticidade – Vol. III – Contração Elástica

Sabe-se pela física clássica que a pressão de um corpo sobre outro é igual ao quociente da intensidade de força, inversa pela área sobre a qual essa intensidade de força atua.
Simbolicamente, o referido enunciado é expresso pela seguinte relação:

$$p = F/A$$

Substituindo convenientemente as duas últimas expressões, resulta que:

$$p = F/\pi \cdot D^2$$

Considerando as variações das grandezas, posso escrever que a variação de pressão é igual ao quociente da variação da intensidade de força inversa pelo valor de (π) em produto com o quadrado da variação do diâmetro.
Simbolicamente, o referido enunciado é expresso pela seguinte relação:

$$\Delta p = \Delta F/\pi \cdot \Delta D^2$$

Substituindo convenientemente a referida relação com a lei de Leandro para a esfera, obtém-se que:

$$\Delta F \cdot \Delta V/\pi \cdot \Delta D^2 = K$$

Isso permite afirmar que a constante da esfera perfeitamente elástica é igual ao quociente da variação da intensidade de força em produto com a variação de volume da esfera, inversa pelo valor de (π) em produto com o quadrado da variação do diâmetro da referida esfera.
O volume de uma esfera é igual a quatro vezes o valor de (π) em produto com o cubo do raio da esfera, inversa pelo valor da constante numérica igual a três.

Simbolicamente, o referido enunciado é expresso pela seguinte relação:

$$V = 4\pi \cdot R^3/3$$

Porém, o cubo de raio é igual ao cubo do diâmetro, inverso pela constante numérica igual a oito. Simbolicamente, o referido enunciado é expresso pela seguinte relação:

$$R^3 = D^3/8$$

Substituindo convenientemente as duas últimas expressões, obtém-se que:

$$V = 4\pi \cdot D^3/3 \cdot 8$$

Eliminando os termos em evidência, resulta que:

$$V = \pi \cdot D^3/6$$

Isso permite afirmar que o volume de um corpo dinamoscópico é igual ao valor de (π) multiplicado pelo cubo do diâmetro, inverso pela constante numérica de valor igual a seis.

Sabe-se que a área de uma esfera é igual ao valor de (π) multiplicado pelo quadrado do diâmetro.

O referido enunciado é expresso simbolicamente pela seguinte equação:

$$A = \pi \cdot D^2$$

Substituindo convenientemente as duas últimas expressões, resulta que:

$$V = A \cdot D/6$$

Ou em outro arranjo, obtém-se:

$$A = 6V/D$$

Isso permite que a área da superfície de uma esfera é igual a seis vezes o volume, inverso pelo diâmetro da referida esfera. Substituindo a referida expressão com a equação que traduz a definição de pressão, obtém-se que:

$$p = F/A$$

$$p = (F/1) / (6V/D)$$

Isso permite escrever que:

$$p = F \cdot D/6V$$

Considerando as variações das referidas grandezas, posso definir que a variação de pressão é igual ao quociente da variação da intensidade de força em produto com a variação de diâmetro, inversa por seis vezes a variação assumida pelo volume do corpo dinamoscópico em forma esférica.
Simbolicamente, o referido enunciado é expresso pela seguinte relação:

$$\Delta p = \Delta F \cdot \Delta D/6\Delta V$$

Substituindo convenientemente a referida relação com a lei de Leandro para a esfera dinamoscópica, pode-se escrever que:

$$K = \Delta p \cdot \Delta V$$

$$K = \Delta F \cdot \Delta D \cdot \Delta V/6\Delta V$$

Eliminando os termos em evidência, resulta que:

$$K = \Delta F \cdot \Delta D/6$$

Logo posso afirmar que a constante da esfera perfeitamente elástica é igual ao quociente da variação da intensidade de força em produto com a variação de diâmetro, inversa pela constante numérica de valor igual a seis.

Agora vou analisar a energia armazenada em uma esfera perfeitamente elástica, para tanto considere uma esfera que sofre uma deformação volumétrica. Durante o processo de deformação a pressão que provoca a deformação da esfera varia continuamente. Sejam (p) a pressão, (V) o volume e (E) a energia elástica da esfera. Provocando a deformação volumétrica na esfera, ela age com uma força sobre o meio, podendo realizar um trabalho. Sendo ($\Delta V = V_2 - V_1$) a variação do volume ocorrido, a energia elástica armazenada pela esfera perfeitamente elástica é dada por:

$$E = \Delta p \cdot \Delta V/2$$

Isso permite afirmar que a energia elástica armazenada numa esfera perfeitamente elástica é igual ao quociente da variação da pressão em produto com a variação de volume, inversa por dois.

A referida relação foi obtida a partir de cálculo gráfico.

A intensidade elástica volumétrica de uma esfera perfeitamente elástica é definida como sendo o quociente da variação de volume, inversa pela variação da intensidade de força exercida pelas paredes externas da esfera.

Simbolicamente, o referido enunciado é expresso pela seguinte relação:

$$e = \Delta V/\Delta F$$

Sabe-se que a variação da pressão é igual ao quociente da variação da intensidade de força inversa pela variação da área superficial da esfera.
O referido enunciado é expresso simbolicamente pela seguinte relação:

$$\Delta p = \Delta F / \Delta A$$

Substituindo convenientemente as duas últimas expressões, resulta que:

$$e \cdot \Delta p = \Delta F \cdot \Delta V / \Delta A \cdot \Delta F$$

Eliminando os termos em evidência, resulta que:

$$\Delta p = \Delta V / e \cdot \Delta A$$

Isso permite afirmar que a variação de pressão é igual ao quociente da variação de volume, inversa pela intensidade elástica volumétrica em produto com a variação da área superficial.
Sabe-se que a variação de volume é igual ao quociente do valor de (π) em produto com o cubo da variação do diâmetro, inverso pela constante numérica igual a seis.
Simbolicamente, o referido enunciado é expresso pela seguinte relação:

$$\Delta V = \pi \cdot \Delta D^3 / 6$$

Sabe-se também, que a variação da superfície de uma esfera dinamoscópica perfeitamente elástica é igual ao valor de π em produto com o quadrado da variação do diâmetro.
Simbolicamente, o referido enunciado é expresso pela seguinte equação:

$$\Delta A = \pi \cdot \Delta D^2$$

Substituindo convenientemente as três últimas expressões, resulta que:

$$\Delta p = (\pi \cdot \Delta D^3/6) / (e \cdot \pi \cdot \Delta D^2/1)$$

Sabe-se que os produtos dos meios são iguais aos produtos dos extremos, então resulta que:

$$\Delta p = \pi \cdot \Delta D^3/6e \cdot \pi \cdot \Delta D^2$$

Eliminando os termos em evidência, resulta que:

$$\Delta p = \Delta D/6e$$

Logo posso concluir que a variação de pressão é igual ao quociente da variação do diâmetro inverso pelo valor de seis vezes a intensidade elástica volumétrica da esfera.
A equação que traduz a quantidade de energia elástica armazenada numa esfera dinamoscópica é a seguinte:

$$E = \frac{1}{2} \cdot \Delta p \cdot \Delta V$$

Sabe-se que a variação de volume de uma esfera é igual a intensidade elástica volumétrica da esfera em produto com a variação da intensidade de força.
Simbolicamente, o referido enunciado e expresso pela seguinte equação:

$$\Delta V = e \cdot \Delta F$$

Substituindo convenientemente as duas últimas expressões, resulta que:

$$E = \tfrac{1}{2} \cdot \Delta p \cdot \Delta F$$

Isso permite afirmar que a energia elástica de uma esfera é igual à metade da variação da pressão em produto com a intensidade elástica volumétrica multiplicada pela variação da intensidade de força.
Demonstrei que a variação de pressão, também é expressa pela seguinte relação:

$$E = \tfrac{1}{2} \cdot \Delta D \cdot \Delta F/6e$$

Eliminando os termos em evidência, resulta que:

$$E = \tfrac{1}{2} \cdot \Delta D \cdot \Delta F/6$$

Logo vem que:

$$E = (1/12) \cdot (\Delta D \cdot \Delta F)$$

Isso permite afirmar que a energia elástica de uma esfera é igual à variação de diâmetro em produto com a variação da intensidade de força, inversa por doze.
Substituindo convenientemente as seguintes expressões:

a) $E = \tfrac{1}{2} \Delta p \cdot \Delta V$

b) $\Delta p = \Delta D/6e$

$$E = \tfrac{1}{2} \cdot \Delta D \cdot \Delta V/6e$$

$$E = (1/12) \cdot \Delta D \cdot \Delta V/e$$

Logo posso concluir que a energia elástica de uma esfera é igual ao quociente da variação de diâmetro em produto com a variação de volume, inversa por doze vezes a intensidade elástica volumétrica da esfera.

Outra grandeza muito útil no estudo da dinamoscopia da esfera é a grandeza que denominei por "interbaros". A interbaros é definida como sendo o quociente da variação da pressão, inversa pela variação de volume. Simbolicamente, o referido enunciado é expresso pela seguinte relação:

$$I = \Delta p / \Delta V$$

Sabe-se que a variação de pressão é igual ao quociente da variação da intensidade de força, inversa pela variação da área superficial da esfera. Simbolicamente, o referido enunciado é expresso pela seguinte relação;

$$\Delta p = \Delta F / \Delta A$$

Substituindo convenientemente as duas últimas expressões, resulta que:

$$\Delta F = I \cdot \Delta V \cdot \Delta A$$

Logo posso concluir que a variação da intensidade de força exercida sobre a superfície de uma esfera perfeitamente elástica é igual ao valor da interbaros em produto com a variação do volume multiplicado pela variação da área superficial da esfera.

Sabe-se que o volume é expresso pela seguinte relação:

$$\Delta V = \pi \cdot \Delta D^3 / 6$$

Sabe-se também que a variação de área é expressa pela seguinte equação:

$$\Delta A = \pi \cdot \Delta D^2$$

Substituindo convenientemente as três últimas expressões, resulta que:

$$\Delta F = I \cdot \pi \cdot \Delta D^2 \cdot \pi \cdot \Delta D^3/6$$

Logo vem que:

$$\Delta F = I \cdot \pi^2 \cdot \Delta D^5/6$$

Isso permite afirmar que a variação da intensidade de força é igual ao quociente da interbaros em produto com o quadrado do valor de (π) multiplicado pela variação do diâmetro elevado à quinta potência, inverso pela constante numérica de valor igual a seis.

Sabe-se que a intensidade elástica volumétrica da esfera é igual ao quociente da variação do volume inverso pela variação da intensidade de força. Simbolicamente, o referido enunciado é expresso pela seguinte relação:

$$e = \Delta V/\Delta F$$

Que substituindo convenientemente com a expressão que traduz a interbaros, resulta que:

$$e \cdot \Delta F = \Delta p/I$$

Logo, vem que:

$$\Delta p = I \cdot e \cdot \Delta F$$

Isso permite afirmar que a variação de pressão é igual ao valor da interbaros multiplicado pela intensidade elástica volumétrica da esfera em produto com a variação da intensidade de força.

A energia elástica de uma esfera é definida como sendo a metade do valor da variação da pressão em produto com a variação de volume.
Simbolicamente, o referido enunciado é expresso pela seguinte relação:

$$E = \tfrac{1}{2} \cdot \Delta p \cdot \Delta V$$

Porém, afirmo que a variação de pressão é igual ao valor da interbaros em produto com a variação de volume.
Simbolicamente, o referido enunciado é expresso pela seguinte igualdade:

$$\Delta p = I \cdot \Delta V$$

Substituindo convenientemente as duas últimas expressões, resulta que:

$$E = \tfrac{1}{2} \cdot I \cdot \Delta V^2$$

Isso permite concluir que a energia elástica armazenada em uma esfera perfeitamente elástica é igual à metade do valor da interbaros em produto com o quadrado da variação do volume.
Com extrema facilidade é possível demonstrar que o quadrado da variação do volume é igual ao quociente do quadrado da variação da pressão, inversa pelo quadrado do valor da interbaros.
Simbolicamente, o referido enunciado é expresso pela seguinte relação:

$$\Delta V^2 = \Delta p^2 / I^2$$

Substituindo convenientemente as duas últimas expressões, resulta que:

$$E = \tfrac{1}{2} \cdot I \cdot \Delta p^2 / I^2$$

Eliminando os termos em evidência, resulta que:

$$E = \tfrac{1}{2} \cdot \Delta p^2 / I$$

Logo posso concluir que a energia elástica armazenada numa esfera perfeitamente elástica é igual à metade do quadrado da variação de pressão, inversa pela interbaros da esfera.

2. Energia Integral de um Corpo Dinamoscópico

Quando um corpo dinamoscópico perfeitamente elástico sofre uma deformação linear, ocorre também, o aparecimento de uma deformação lateral.

Da mesma forma que a deformação linear pode realizar um trabalho, a deformação lateral também pode realizar um trabalho.

Desse modo, da mesma maneira, que existe energia elástica linear, existe energia elástica lateral.

Se aplicar uma intensidade de força longitudinalmente a um corpo dinamoscópico, esta intensidade de força provoca uma deformação linear e lateral. Se abandonar o referido corpo dinamoscópico, espontaneamente ele retorna ao seu estado inicial e a força elástica linear e lateral realiza trabalho. Logo, conclui-se que o referido corpo no estado de deformação possui energia potencial elástica associada à sua deformação.

A energia elástica lateral de um corpo dinamoscópico perfeitamente elástico é igual à metade da sua variação de deformação lateral em produto com a variação da ação da intensidade de força lateral.

Simbolicamente, o referido enunciado é expresso pela seguinte relação:

$$E_L = \Delta C \cdot \Delta F/2 \quad \text{(A)}$$

Demonstrei que a intensidade elástica lateral é igual ao quociente da variação da deformação lateral, inversa pela variação da intensidade de força.
Simbolicamente, o referido enunciado é expresso pela seguinte relação:

$$a = \Delta C/\Delta F$$

Então, substituindo convenientemente as duas últimas expressões, resulta que:

$$E_L = \tfrac{1}{2} \cdot a \cdot \Delta F^2 \quad \text{(B)}$$

Logo posso concluir que a energia lateral é igual à metade da intensidade elástica lateral em produto com o quadrado da variação da intensidade de força.
Porém, o quadrado da variação da intensidade de força é igual ao quadrado da variação da deformação lateral, inversa pelo quadrado da intensidade elástica lateral.
Simbolicamente, o referido enunciado é expresso pela seguinte relação:

$$\Delta F^2 = \Delta C^2/a^2$$

Substituindo convenientemente as duas últimas expressões, resulta que:

$$E_L = \tfrac{1}{2} \cdot \Delta C^2/a \quad \text{(C)}$$

Isso permite afirmar que a energia lateral de um corpo dinamoscópico perfeitamente elástico é igual à metade do quadrado da variação da deformação lateral, inversa pela intensidade elástica lateral.

As três últimas relações que traduzem a energia elástica lateral são particulares para a energia lateral. Evidentemente, existem as relações matemáticas que traduzem a energia linear de um corpo dinamoscópico.

Sabendo-se que em um corpo dinamoscópico existe energia linear e lateral, então, posso afirmar que a energia total de um corpo dinamoscópico é igual a soma entre a energia elástica linear com a energia elástica lateral.

Simbolicamente, o referido enunciado é expresso pela seguinte igualdade:

$$E_T = E_l + E_L \quad (I)$$

Em capítulos anteriores, demonstrei que a energia elástica linear é igual à metade da variação da deformação elástica em produto com a variação da intensidade de força.

O referido enunciado é expresso simbolicamente pela seguinte relação:

$$E_l = ½ . \Delta L . \Delta F$$

Substituindo convenientemente as duas últimas expressões, resulta que:

$$E_T = ½ . \Delta L . \Delta F + E_L$$

Substituindo convenientemente a referida expressão com a relação (A); obtém-se que:

$$E_T = ½ . \Delta L . \Delta F + ½ . \Delta C . \Delta F$$

Isolando os termos em evidência, resulta que:

$$E_T = \frac{1}{2} \cdot (\Delta L \cdot \Delta F + \Delta C \cdot \Delta F) \quad (D)$$

Sabendo que a quantidade elástica linear é igual a variação de deformação linear em produto com a variação da intensidade de força. Simbolicamente, o referido enunciado é expresso por:

$$Q = \Delta L \cdot \Delta F$$

Sabe-se também, que a quantidade elástica lateral é igual à variação da deformação lateral em produto com a variação da intensidade de força.
O referido enunciado é expresso por:

$$q = \Delta C \cdot \Delta F$$

Substituindo convenientemente as três últimas expressões, obtém-se a seguinte equação:

$$E_T = \frac{1}{2} \cdot (Q + q)$$

Isso permite afirmar que a energia total de um corpo dinamoscópico é igual ao quociente da quantidade elástica linear adicionada com a quantidade elástica lateral, inversa pela constante numérica igual a dois.

Sabendo-se que a intensidade de força lateral é igual a intensidade de força linear, e substituindo convenientemente o referido postulado com a equação (D); resulta que:

$$E_T = \frac{1}{2} \cdot \Delta F \cdot (\Delta L + \Delta C)$$

Logo posso concluir que a energia total de um corpo dinamoscópico é igual à metade da variação da intensidade de força em produto com a variação da deformação linear adicionada com a variação de deformação lateral.

Sabe-se que a energia elástica linear de um corpo dinamoscópico é igual à metade da intensidade elástica linear em produto com o quadrado da variação da intensidade de força.

Simbolicamente, o referido enunciado é expresso pela seguinte relação:

$$E_l = \frac{1}{2} \cdot i \cdot \Delta F^2$$

Substituindo convenientemente a referida expressão com as equações (I) e (B), resulta que:

$$E_T = (\frac{1}{2} \cdot i \cdot \Delta F^2 + \frac{1}{2} \cdot a \cdot \Delta F^2)$$

Isolando os termos em evidência, resulta que:

$$E_T = \Delta F^2/2 \cdot (i + a)$$

Logo, conclui-se que a energia elástica total de um corpo dinamoscópico é igual ao quociente do quadrado da variação da intensidade de força em produto com a soma entre a intensidade elástica linear e lateral, inversa pela constante numérica igual a dois.

Em capítulos anteriores demonstrei que a energia lateral de um corpo dinamoscópico é igual ao quociente do quadrado da variação de deformação linear, inversa pelo dobro da intensidade elástica linear.

O referido enunciado é expresso simbolicamente pela seguinte relação:

$$E_l = \Delta L^2/2i$$

Substituindo convenientemente a referida relação com as equações (I) e (C); resulta que:

$$E_T = (\Delta L^2/2i) + (\Delta C^2/2a)$$

Isolando convenientemente os termos em evidência, resulta que:

$$E_T = \tfrac{1}{2} \cdot [(\Delta L^2/i) + (\Delta C^2/a)]$$

Isso permite concluir que a energia total de um corpo dinamoscópico é igual à metade do quadrado da variação de deformação linear, inversa pela intensidade elástica linear adicionada com a metade do quadrado da variação de formação lateral, inversa pela intensidade elástica lateral.

3. Nível Estrutural

As experiências de deformações conhecidas desde o alvorecer da humanidade me levaram a admitir a existência de pontos puntiformes que no estado natural encontra-se em repouso na estrutura cristalina da matéria. A propriedade fundamental desses pontos é a de apresentarem ações mútuas de equilíbrio em um único local. Os pontos puntiformes encontram-se associados intimamente à estrutura dos corpos materiais. Esses pontos são os próprios átomos que constituem a estrutura cristalina molecular da matéria.

O fato de a matéria ser deformável sugere que todas as substâncias existentes na natureza apresentam uma estrutura granular com espaços nos quais os grânulos podem penetrar quando aumenta a ação da força externa imprimida em um corpo dinamoscópico.

As experiências indicam que a matéria, em qualquer fase, é composta de pequenas partículas chamadas moléculas. Todas as moléculas de uma mesma substância são iguais: elas possuem a mesma estrutura, a mesma massa e as mesmas propriedades mecânicas. A propriedade elástica da matéria pode ser interpretada em termos da teoria microscópica, proporcionando uma compreensão mais profunda da elasticidade. Embora, as moléculas sejam iguais, elas agregam-se de maneira distinta, assim, nos metais de altas densidades, como por exemplo, o ouro, o chumbo, apresenta um maior número de moléculas agregadas.

Para isso é possível imaginar a molécula como uma esfera rígida, capaz de exercer forças atrativas ou repulsivas sobre as moléculas vizinhas. Naturalmente, na deformação, é importante considerar a estrutura da própria molécula.

Uma das características essenciais da molécula é a força que existe entre ela e uma vizinha. Essas forças são aquelas que mantêm as moléculas de um corpo unidas, são em parte ao menos, de origem elétrica. Quando a separação das moléculas é grande, a força de atração é extremamente pequena e o corpo rompe-se. Se as moléculas são separadas ligeiramente aparece uma força de atração que tende a aproximá-las. Se a distância de separação se torna menor que o ponto de equilíbrio da molécula, a força se torna repulsiva e as moléculas se afastam uma da outra. Assim, explico as deformações que resultam na fase de restituição dinamoscópica.

Assim, sejam as moléculas aproximadas ou afastadas e em seguida liberadas, elas devem oscilar em torno de uma posição de equilíbrio. Nos corpos sólidos as moléculas executam movimento vibratório em torno de centros mais ou menos fixos. Este movimento vibratório é relativamente fraco e os centros ficam fixos em posições regularmente espaçadas que constituem o retículo cristalino. Então, as moléculas são minúsculas partículas, organizadas de acordo com uma estrutura cristalina, que por sua vez encontram-se dispostos e agregados uma a outra por intermédio de uma força de coesão. Nos sólidos as moléculas encontram-se tão próximas uma da outra, que ao imprimir uma força, objetivando a deformação por compressão de um corpo, as moléculas são então pressionadas uma contra as outras, ocupando todo espaço disponível, empurrando as moléculas laterais para fora, pois lateralmente não existe a ação de forças imprimida, o que causa a conhecida expansão lateral. Ao provocar uma deformação por tração, as moléculas afastam-se longitudinalmente uma das outras, deixando vazios. Então, as moléculas laterais deslocam-se para esses espaços vazios, causando o fenômeno da contração lateral. No entanto as moléculas que afastam de seus centros encontram-se organizadas numa estrutura cristalina, que mantém as moléculas agregadas até certo limite. Todos esses fenômenos ocorrem através da ação eletrostática dos átomos.

Quero acrescenta ainda, que do ponto de vista micro dinamoscópica, as deformações de uma mola de aço e enrolamento é diferente da deformação de um fio elástico e ambos são diferentes da deformação de um metal.